后期处理操作密码

HOUQI CHULI CHUKZUOMIMT

数码摄影Follow Me

李继强 主编

U0345516

黑龙江美术出版社

图书在版编目（CIP）数据

数码摄影follow me：后期处理操作密码 / 李继强主编

哈尔滨：黑龙江美术出版社, 2011.6

ISBN 978-7-5318-3100-6

Ⅰ.①数… Ⅱ.①李… Ⅲ.①数字照相机：单镜头反光照相机 - 摄影技术 Ⅳ.①TB86②J41

中国版本图书馆CIP数据核字(2011)第096909号

《数码摄影Follow Me》丛书编委会

主　编　李继强

副主编　曲晨阳　何晓彦　张伟明

编　委　臧崴臣　张东海　周　旭

　　　　唐儒郁　李　冲

责任编辑　曲家东

封面设计　杨继滨

版式设计　杨东波

数码摄影Follow Me

后期处理操作密码

HOUQI CHULI CAOZUOMIMA　李继强/主编

出版　黑龙江美术出版社

印刷　辽宁美术印刷厂

发行　全国新华书店

开本　889×1194　1/24

印张　9

版次　2013年5月第1版 · 2013年5月第1次印刷

书号　ISBN 978-7-5318-3100-6

定价　50.00元

>>>>>>>>>>>>>>>> Preface 序

　　我认识作者很多年了。他是摄影教师，听他的课，深入浅出，幽默睿智，那是享受；他是摄影家，看他的作品，门类宽泛，后期精湛，那是智慧；他还是个高产的摄影作家，我的书架上就有他写的二十几册摄影书，字里行间，都是对摄影的宏观把握。拍摄过程中的点点滴滴听他娓娓道来，新颖的观念，干练的文笔，以及对摄影独到认识，看后那都是启发。

　　这次邀我为他的这套丛书写序。一问，明白了他的意思，是从操作的角度给初学者写的入门书，专家写入门书，好啊，现在正好需要这样的专家！

　　"数码相机就是小型计算机"，"操作的精髓是控制"，"学摄影要过三关，工具关、方法关、表现关"，我同意作者这些观点。随着生活水平的提高，科技的发展，数字技术的突飞猛进，摄影的门槛降低了，拥有一架数码单反相机是个很容易的事，但是，拿到它之后怎样使用却让人们不得其门而入，摆在初学者面前的，就是如何尽快熟悉掌握它，《C派摄影操作密码》、《N派摄影操作密码》、《后期处理操作密码》……都是作者为初学者精心打造的。作者站在专家的高度，鸟瞰整个数码单反家族，从宏观切入，做微观具体分析，在讲解是什么的基础上，解释为什么操作，提供方法解决拍摄中的问题，引导新手快速入门。

　　把概念打开，术语通俗，原理解密，图文并茂，结合实战是这套丛书的特点之一。

　　风景、花卉、冰雪、纪念照，把摄影各个门类分册来写，不是什么新鲜事，新鲜的是——作者站的高度，就像站在一个摄影大沙盘前，用精炼的语言勾画一些简明的进攻线路。里面有拍摄的经过，构思的想法，操作的步骤，实战的体会。

　　本丛书帮助初学者理清了学习数码单反相机的脉络，作为一个摄影前辈，指导晚辈们少走很多弯路。作者从摄影的操作技术出发，图文并茂的给予读者以最直观的学习方法，教会大家如何操作数码单反，如何培养自己的审美，如何让作品更加具有艺术气息。"从大处着眼，从小处入手"，切切实实能让初学者拍出好照片。

　　不止是摄影，待人接物更是如此，作者是这么说的，也是这么做的，更是这样要求学生的。初学者要明确自己的拍摄目的，找准道路，用对方法，并为之不懈努力，发挥想象力不断去创新，才能收获成功！

　　几千万摄影人在摄影的山海间登攀遨游，需要有人来铺设一些缆索和浮标。

　　一个年近六旬的老者，白天站在三尺讲桌前，为摄影慷慨激昂，晚间用粗大的手指在键盘上敲击，"想为摄影再做点什么"，是作者的愿望。摄影需要这样的奉献者，中国的数码摄影事业需要这样的专家学者。

中国数码摄影家协会主席　李济山

摄影已经有百余年的历史，随着数码应用技术的发展，数码摄影已成为无法阻挡的必然趋势，其生成的图像已经作为一种新的无国界的语言方式覆盖了我们的生活、文化和传播。数码相机也以生活必需品的身份走进千家万户。

每一位摄影人都想用自己手中的相机留住大自然瞬息万变的美妙景观、街头巷尾稍纵即逝的精彩瞬间，也想用摄影作品抒发自己的情感，可是面对自己的成果，总会有许多遗憾，如何弥补这些遗憾使自己的作品趋近完美就要依靠后期处理的手段来完成了。

数码摄影是由前期拍摄和后期处理两部分完成的，至于哪一部分占的比例更多是因片而异的。偶尔会有天时地利人和一拍而成的佳作，更多时候因不可改变的拍摄环境，无法避免的干扰因素，以及来自相机和镜头的限制，会导致拍摄出来的图片和拍摄者预期的效果相去甚远，此时后期的处理就会在作品中占很大的比例。

数码摄影的后期处理是通过计算机的相关操作，利用图像处理软件对数码照片进行修改，编辑和再创作。Photoshop是图像处理的最理想软件。可以帮助我们对来源不同的素材进行艺术再加工，在此书中我们使用的软件版本是Adobe Photoshop CS5。

当我们旅行归来，休息两天之后，那种由陌生环境的刺激而产生的愉悦已渐渐平淡、一路劳累带来的倦意也慢慢消失。此时，坐在计算机前，导入我们的拍摄成果，心态平和地细细审阅，每张片子都会让我们回味拍摄过程的快乐、按下快门的激动。作品的第二步创作也随之拉开了序幕。

我们在用Photoshop处理图像之前，首先要明确的是处理的对象是什么，以及要达到的目的是什么，也就是图片的遗憾在哪里，要达到的理想效果是什么。准确的判断不是一朝一夕可以练就的能力，需要作者丰富的生活底蕴和较高的文化修养，美学修养以及情商的培养。

本书从摄影人的角度出发，归纳数码摄影经常出现的遗憾，引导读者如何发现这些遗憾及如何利用Photoshop软件来弥补这些遗憾，通过各种实例帮助读者提高审片和修片的能力。

李继瑶

导读

　　图片的后期处理是数码摄影必须经过的一个环节。

　　现在我们拍摄的数码照片几乎都要经过处理，简单的调整明暗、色彩，到剪裁掉对主题有干扰的多余的元素等，都是后期要做的工作，还有复杂点的，就是按摄影人的主观意图在后期处理时进行创作，如改变反差、改变色彩，合成元素等，总之，一张好作品的产出是绕不开后期处理这一关的。

　　该书作者在实战的基础上，针对数码摄影经常出现的问题，总结、归纳、提炼了几十种对摄影人适用的图片处理方法，目的是完善作品，帮助作者得到高质量的图片，提高二次创作的操作水平。

　　本书五大特色：

　　1.从简单的调整曝光开始入手，熟悉后期Photo shop基本操作，循序渐进。

　　2.介绍的每种处理手段都附有屏幕抓图，只要按照步骤做下去就可以学会。

　　3.每种方法都把审图和处理目的讲清楚，有利于举一反三，达到启发的目的。

　　4.讲解了风光、人像等拍摄后遇到的问题，有针对性地给出后期处理手段，完善作品。

　　5.该书文字简练，不说废话，是摄影人后期处理照片的好帮手和工具书。

目录

第一章

Chapter one
照片的基础修正

　　一张好的照片，按照常规来讲，首先曝光要准确，其次构图要
严整，另外颜色要符合人眼视觉接收体系。

　　在这一章里，我们就曝光、构图、色彩来对照片进行审阅和修正。

Photoshop——位图图像处理软件

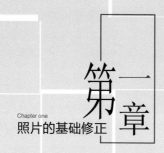

Photoshop CS5 LOGO

　　Adobe Photoshop，简称"PS"，是一个由 Adobe Systems
开发和发行的图像处理软件。Photoshop 主要处理以像素所构成的
数字图像。使用其众多的编修与绘图工具，可以更有效的进行图片编
辑工作。2003 年，Adobe 将 Adobe Photoshop 8 更名为 Adobe
Photoshop CS。因 此，最 新 版 本 Adobe Photoshop CS6 是
Adobe Photoshop 中的第 13 个主要版本。

一、照片曝光修正

我们在用数码相机进行拍摄时，由于环境的因素、拍摄时间的因素、相机的因素、拍摄者技术的因素等，经常会出现不准确的曝光，如：照片整体过度明亮、过度灰暗、明暗反差过大、过小，使照片损失许多细节和色彩。下面，我们就通过实例来修正这些缺陷。

我们在审阅一张片子的曝光情况时，首先要明白什么是准确曝光。我们先用视觉来观察，在一张照片中，明亮的区域、灰暗的区域是否都有层次，如果最亮和最暗的部分都有细节和色彩的变化，而且这两个区域是自然的过渡，那么按照常规，这张照片的曝光就可以算作准确。另外我们还可以参考直方图来进行判断，在后面的实例讲解中我们根据不同的照片来分析。

除了常规的准确曝光之外，还有一些无法按常规衡量的片子，比如拍摄者从主观意图出发，刻意营造的某种意境，整体偏亮的高调、整体偏暗的低调、明暗包容的灰调等。还有一些特殊环境拍摄的照片，无法用直方图来参考判断，比如黑暗背景中的浅色主体、明亮背景中的深色主体。因此，我们对照片曝光的修正要保留一定的宽限，一方面尽量还原曝光的客观性，另一方面还要追求曝光的艺术性。

对曝光进行客观还原时，在无法保证照片整体曝光准确的情况下，就要选择照片中主体的正确曝光。

摄影是拍摄者用具体的图像来传达情感，无论是常规的准确曝光，还是人为的特殊曝光，只要照片能让读者完全领会拍摄者的意图，那么，这张照片的曝光就是正确的。

1. 曝光不足照片的处理

(1) 利用图层混合模式"滤色"调整

当我们打开一张整体偏暗的照片时，第一步要观察暗部细节，如果暗部区域里的元素被掩盖或者不能清晰辨别，那么就要进行后期的曝光补偿。

①将该照片拖入 Photoshop 操作页面，图像和图层面板如图 1 (1) -1，1 (1) -2 所示。

图 1 (1) -2

图 1 (1) -1

②在图层面板中拖动"背景"到下面的"创建新图层"按钮，创建"背景副本"图层，设置图层混合模式为"滤色"，如图1(1)-3所示。

图1(1)-3

③此时，我们看照片的亮度明显提高，如图1(1)-4所示，这是因为"滤色"属于使色调变亮的系列，混合之后，像用一束较强的光线对图像里黑色的部分进行透明处理。在图1(1)-4的基础上利用曲线进一步调整，按键盘Ctrl+M调出曲线命令，在弹出的对话框中勾选"预览"之后，用鼠标向亮部区域和暗部区域利用点位拖动曲线，观察照片的预览效果，当照片的亮部和暗部区域觉得适当时，单击曲线命令的"确定"，如图1(1)-5所示。此时照片效果如图1(1)-6所示。

图1(1)-4

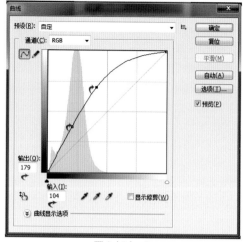

图1(1)-5

④图1(1)-6的曝光已经基本正确，还可以进行细微地调整，强化主体的眼神，用套索工具（设置羽化值50px）勾出主体眼部建立选区，如图1(1)-7所示，再用键盘Ctrl+M调出曲线命令，对选区内主体的眼部进行同样的调整，最终得到满意的效果。

图1(1)-6

图1(1)-7

⑤此时可执行菜单——图层——拼合图像命令，如图1(1)-8所示，执行文件——存储为…命令，如图1(1)-9所示，将调整后的图像另存并保留原图像，调整的最终效果如图1(1)-10所示。

图1（1）-9

图1（1）-11

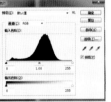

图1（1）-8　　　　图1（1）-12

⑥我们把修改前和修改后的照片再次拖入Photoshop 操作页面，分别用键盘 Ctrl+L 调出色阶命令，会看到两种不同的色阶图如 1（1）-11（修改前）、1（1）-12（修改后）所示。色阶图是色彩信息的分布图，虽然不能体现出色彩在画面中的具体位置，但是能描述色彩在画面的亮区、暗区和灰区中占有多少像素。它是以坐标的形式来体现的，其横轴表示色彩在画面中从暗区到亮区的分布，纵轴表示色彩色彩在横轴对应区域像素的多少。先看修改前的直方图，大量的像素集中在暗部区域，峰值最高点也接近暗区，亮部区域几乎没有像素，灰色区域也很少，这是典型的曝光不足直方图。

再看修改后的直方图，像素峰值最高点在灰色区域和亮部区域之间，而且从暗部到亮部像素分布平滑的过渡，再参考这张照片中最亮部分和最暗部分在整张照片里所占的比例很小，所以根据修改后的直方图可以确定修改后的照片曝光基本正确。

图1（1）-10

★ Potoshop CS5 快捷方式小提示 ★

新建图形文件
【Ctrl】+【N】

用默认设置创建新文件
【Ctrl】+【Alt】+【N】

(2) 利用色阶调整

①将要修正的图片拖入 PS 操作页面。如图 1(2)-1所示。创建背景副本(混合模式为正常)。

②Ctrl+L 调出色阶对话框，出现该图片的直方图。如图 1(2)-2 所示。

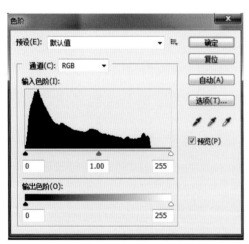

③分析直方图，可以把"输入色阶"看做有待于调整的色阶，把"输出色阶"看做调整结果的色阶，将二者作对比，如图1(2)-3所示，比较结果可以看出"输入色阶"在右端的

亮区有一段没有像素的区域，那么就可以调整"输入色阶"以对应"输出色阶"。鼠标拉动"输入色阶"的亮区定场拉钮至开始有像素的位置如图 1(2)-4 所示。单击确定。此时照片效果如图1(2)-5所示。

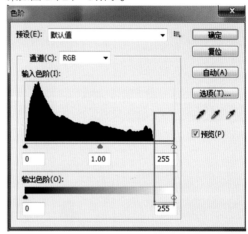

图1(2)-3

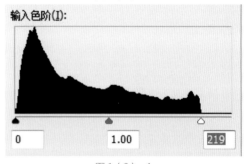

图1(2)-4

★ Potoshop CS5 快捷方式小提示 ★

打开已有的图像
【Ctrl】+【O】

图1（2）-5

④Ctrl+L 调出调整后照片的色阶对话框，如图1（2）-6所示，分析"输入色阶"，像素在暗区分布的比较多，亮区和灰区比较少，拉动灰区的定场拉钮向暗区微调，通过"预览"观察照片效果，感觉照片曝光基本正确时定位灰场拉钮，如图1（2）-7所示，单击确定。此时照片效果如图1（2）-8所示。

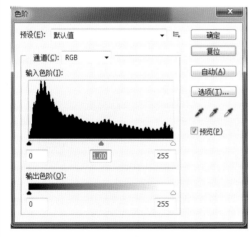

图1（2）-6

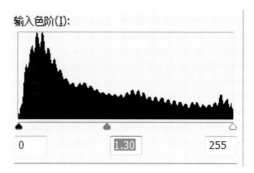

图1（2）-7

图1（2）-8

⑤执行 图层——拼合图像命令，另存图像，完成修正。

（3）利用自动色阶调整

对于许多数码摄影照片，自动色阶是最便捷的调整曝光方式，但是在使用的时候经常会出现色彩偏离的现象，这是由于照片中中性灰部分所含冷色调和暖色调的比例造成的，如果冷色调的成分比较多，执行自动色阶后，照片会向暖色调偏离，反之则向冷色调偏离。

①将要修正的照片托人 Photoshop 操作页面，创建图层副本，如图1(3)-1所示。

图1（3）-1

②Ctrl+L 调出该图片的色阶对话框，如图1（3）-2所示。鼠标右键单击对话框里的"自动"按钮，如图1（3）-3所示，单击"确定"，此时照片效果如图1（3）-4所示。

③执行 图层——拼合图像命令，另存图像，完成修正。这张利用自动色阶修正的照片没有出现过多的色彩偏离。"自动色阶"操作也可以利用快捷键来一步完成，Shift+Ctrl+L。

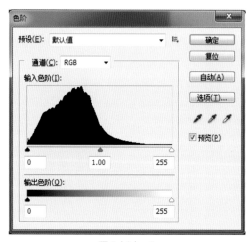

图1（3）-2

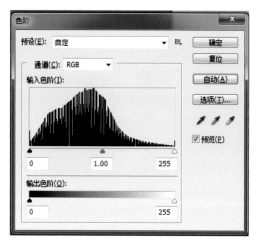

图1（3）-3

图1（3）-4

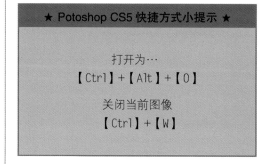

★ Potoshop CS5 快捷方式小提示 ★

打开为…
【Ctrl】+【Alt】+【O】

关闭当前图像
【Ctrl】+【W】

④再将另外一张要修正的照片拖入 Photoshop 操作页面，创建图层副本，如图 1（3）-5 所示。

图 1（3）-5

⑤执行 Shift+Ctrl+L，得到自动色阶处理之后的效果，如图 1（3）-6 所示。这张处理后的照片色彩出现了向冷色调偏离的现象。

图 1（3）-6

（4）色阶定场调整

在利用直方图对照片进行曝光处理时，可以借助定场的方法，通过"吸管工具"准确设置画面中最暗处和最亮处的色调。用"设置黑场吸管"在画面中取样，则该点像素的颜色便为画面最暗的颜色，其他比该点像素更暗的像素都会变成黑色；用"设置白场吸管"在画面中取样，则该点像素的颜色便为画面最亮的颜色，其他比该点像素更亮的像素都会变成白色；用"设置灰场吸管"在画面中取样，则该点像素的亮度便为画面中间色调范围的平均亮度。"设置灰场吸管"还有另外一个作用：在画面中某点取样的同时，可去除与该点的像素相同的颜色，矫正图像的色彩。

①打开要处理的图片，创建图层副本，如图 1（4）-1 所示。

图 1（4）-1

②Ctrl+L 调出色阶对话框，左键单击"设置黑场吸管"如图 1（4）-2 所示，鼠标在画面中最暗处取样（红色圆内），如图 1（4）-3 所示，再右键单击"设置白场吸管"如图 1（4）-4 所示，鼠标在画面中最亮处取样（红色圆内），如图 1（4）-5 所示，得到调整后的直方图，如图 1（4）-6 所示，单击"确定"，得到处理后的照片如图 1（4）-7 所示。

图 1（4）-2   图 1（4）-4

图1（4）-3　　　图1（4）-5

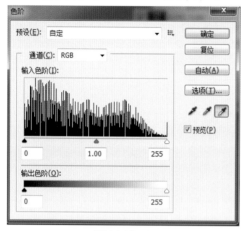

图1（4）-6

图1（4）-7

③如果需要进一步调整画面色调，再次Ctrl+L调出色阶对话框，右键单击"设置灰场吸管"，如图1（4）-8所示，鼠标在画面中尽量贴近中性灰处取样（红色圆内），如图1（4）

-9所示，得到调整后的直方图，如图1（4）-10所示，单击"确定"，得到处理后的照片如图1（4）-11所示。由于取样点的像素是暖色调，"设置灰场吸管"去除了画面中相同的暖色，调整后的照片变成偏冷的色调。

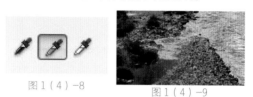

图1（4）-8　　　　图1（4）-9

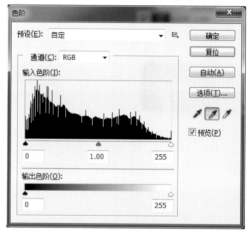

图1（4）-10

图1（4）-11

2. 曝光过度照片的处理

在强光下拍摄，如果测光方式不正确，往往会出现曝光过度，画面过于明亮，丢失许多色彩和细节，此时就需要对照片进行曝光的负补偿。

（1）利用图层混合模式正片叠底和曲线调整

适用于亮区和暗区都过于明亮的照片。因" 正片叠底 "是类似于透过光线观看两张叠在一起的胶片的效果，无论是亮区还是暗区都比单张观看要暗许多。

①将曝光过度的照片拖入 Photoshop 操作页面，如图 2（1）-1 所示，创建图层副本。

图 2（1）-1

②将图层混合模式设置为 " 正片叠底 "，如图 2（1）-2 所示，此时得到调整的照片效果，如图 2（1）-3 所示，亮区的层次还原了许多，但还不是非常理想，可用曲线进一步细致调整。

图 2（1）-2

图 2（1）-3

③Ctrl+M 调出曲线调整对话框，鼠标调整定位，同时勾选 " 预览 "，观察照片效果，当亮区和暗区的层次都被复原时，单击 " 确定 "完成调整，如图 2（1）-4 所示。

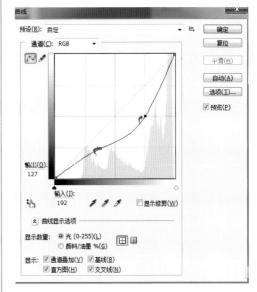

图 2（1）-4

④执行 图层——拼合图像命令，另存图像，完成修正。此时处理后的照片效果如图 2（1）-5 所示。

图2(1)-5

（2）利用直方图调整

①将要调整的照片拖入 Photoshop 操作页面，如图 2（2）-1 所示，创建背景副本（混合模式为正常）。

图 2（2）-1

②Ctrl+L 调出色阶调整对话框，如图 2（2）-2 所示，将直方图的输入和输出作映射比较，如图 2（2）-3 所示，调整输入色阶亮区和暗区的定场拉钮至有像素的位置以对应输出色阶。单击" 确定 "，得到调整后的直方图如图 2（2）-4 所示。

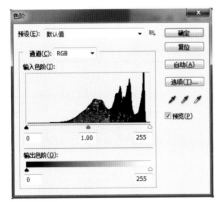

图 2（2）-2

③此时照片效果如图 2（2）-5 所示，执行图层——拼合图像命令，另存图像，完成修正。

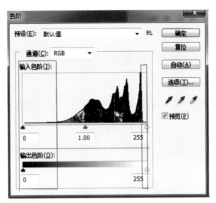

图 2（2）-3

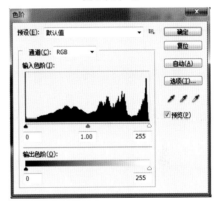

图 2（2）-4

图 2（2）-5

(3)利用"灰度"调整

①将要调整的照片拖入 Photoshop 操作页面，如图2（3）-1所示。

图2（3）-1　　　　　图2（3）-3

②执行图像——复制命令，如图2（3）-2所示，得到的图像副本如图2（3）-3所示；对副本图像执行 图像——模式——灰度命令，如图2（3）-4所示；在调出的对话框中单击"扔掉"颜色信息，如图2（3）-5所示，画面效果如图2（3）-6所示。

图2（3）-2　　　　　图2（3）-8

图2（3）-4

③选择工具栏的移动工具，按 Shift 键，鼠标拖动复制的图像至原图像中进行对齐，成为原图像的图层1，如图2（3）-7所示，关闭复制图像（不更改）。

④在图层面板中将图层1的混合模式设置为"叠加"，如图2（3）-8所示。此时照片效果如图2（3）-9所示。

图2（3）-6　　　　　图2（3）-7

图2（3）-9　　　　　图2（3）-10

⑤在图层面板中选择背景图层调整。单击背景图层，单击"创建新的填充或调整图层"按钮，选择"色相饱/和度"，如图2（3）-10所示,在"色相饱/和度"对话框中增加饱和度、降低明度，如图2（3）-11所示，此时照片效果如图2（3）-12所示。

图 2（3）-11　　　　　图 2（3）-12

⑤再次单击"创建新的填充或调整图层"——选择"明度／对比度"，如图 2（3）-13 所示，在"明度／对比度"对话框中增加明度，降低对比度，如图 2（3）-14 所示，最终效果如图 2（3）-15 所示。

⑥执行 图层——拼合图像命令，另存图像，完成处理。

图 2（3）-14

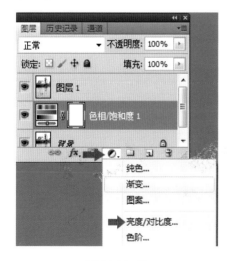

图 2（3）-13

图 2（3）-15

(4)色阶定场调整

①将要处理的照片拖入 Photoshop 操作页面，如图 2（4）-1 所示，创建背景副本。

图 2（4）-1

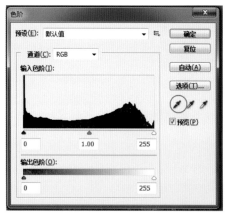

图 2（4）-2

②Ctrl+L 调出色阶调整，在对话框中选择"黑场取样吸管"如图 2（4）-2 所示，由于直方图中最左端的像素峰值最高，是一条竖线，说明照片中有纯黑的色彩，而这一部分色块在画面中所占的比例很小，所以若想降低整个画面的曝光度，就不能在纯黑处取样确定黑场，因此选择在相对暗处取样，如图 2（4）-3 所示，得到改变后的直方图，如图 2（4）-4 所示，单击"确定"。

图 2（4）-3

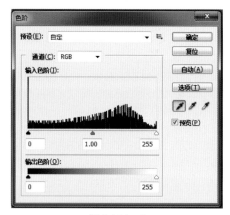

图 2（4）-4

③调整后的照片如图 2（4）-5 所示，执行图层——拼合图像命令，另存图像，完成修正。

图 2（4）-5

3. 曝光反差过大照片的处理

如果我们的拍摄对象处于一个亮部和暗部相差很大的高动态范围场景，比如逆光、极大光比等能完全欺骗相机测光系统的场景，拍摄时就要舍弃一部分细节，保证主体的曝光正确。这类照片的后期调整就是针对拍摄时舍弃的那些细节进行尽量的挽救。

（1）建立选区调整

①将要处理的照片拖入 Photoshop 操作页面，如图 3（1）-1 所示。创建背景副本。

图 3（1）-1

图 3（1）-2

②执行 选择——色彩范围命令，如图 3（1）-2 所示。在调出的对话框中，用"吸管工具"在画面中选择范围内取样，同时调整颜色容差值，使要调整的元素和背景分离。如图 3（1）-3 所示。单击"确定"建立选区，如图 3（1）-4 所示。

图 3（1）-3

图 3（1）-4

③针对选区进行曲线调整，Ctrl+M 调出曲线对话框，设置参数如图 3（1）-5 所示。

④针对选区进行色相 / 饱和度调整，Ctrl+U 调出色相 / 饱和度对话框，设置参数如图 3（1）-6 所示。

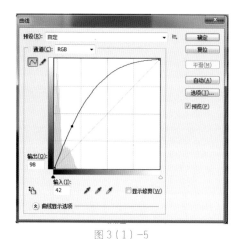

图 3（1）-5

图 3（1）-6

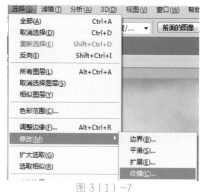

图 3（1）-7

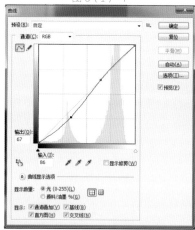

图 3（1）-8

⑤执行 选 择——修 改——收 缩，如图 3（1）-7 所示，在调出的对话框中设置参数为 2 像素，单击确定，Shift+Ctrl+I 进行反向选择，建立背景选区。

⑥针对背景选区进行曲线调整，适当压暗背景。如图 3（1）-8 所示。最终效果如图 3（1）-9 所示。

⑦取消选择，执行 图层——拼合图像命令，另存图像，完成处理。

图 3（1）-9

（2）利用"阴影/高光"调整

①将要调整的照片拖入 Photoshop 操作页面，如图 3（2）-1 所示，创建背景副本。

图 3（2）-1

②执行 图像——调整——阴影 / 高光，如图 3（2）-2 所示。

③在调出的"阴影 / 高光"对话框中，分别针对"阴影"、"高光"、"调整"三个选项设置参数，如图 3（2）-3 所示。此时照片效果如图 3（2）-4 所示。

④执行 图层——拼合图像命令，另存图像，完成处理。

图 3（2）-2

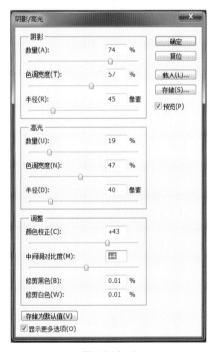

图 3（2）-3

图 3（2）-4

(3) 利用HDR色调调整

①将要调整的照片拖入 Photoshop 操作页面, 如图 3 (3) -1 所示。

图 3 (3) -1

②执 行 图 像——调 整——HDR 色 调, 如图 3 (3) -2 所示。

图 3 (3) -2

③在调出的对话框中, 针对"边缘光"、"色调和细节"、"颜色"区域设置参数, 如图 3 (3) -3 所示。

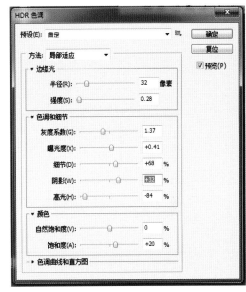

图 3 (3) -3

④调整后的照片效果如图 3 (3) -4 所示。另存, 完成处理。

图 3 (3) -4

4. 曝光反差过小照片的处理

早晨或者是雾天拍摄时, 经常出现"空气透视"的效果, 这是因大气和空气介质的作用使人的视觉产生景物的清晰度、饱和度由近到远依次递减的现象。合理地利用"空气透视",会营造出神秘、深邃、空灵的空间效果,但是在能见度很弱的情况下,又经常会造成照片灰度太大、饱和度过低、清晰度减小的后果,不被大多数人所接受。修正这样的照片有许多方法。

（1）利用直方图调整

①将要调整的照片拖入 Photoshop 操作页面,如图 4（1）-1 所示,创建背景副本。

图 4（1）-1

②Ctrl+L 调出色阶调整,将直方图的输入色阶和输出色阶映射比较,调整输入对应输出,如图 4（1）-2 所示,单击确定。

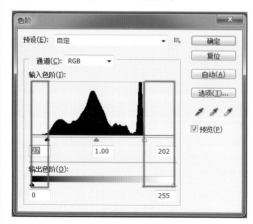

图 4（1）-2

③执行 图层——拼合图像命令,另存图像,完成处理。

图 4（1）-3

（2）利用图层混合模式调整

①将要处理的照片拖入 Photoshop 操作页面,如图 4（2）-1 所示。

图 4（2）-1

②创建背景副本,设置混合模式为"滤色",如图 4（2）-2 所示。此时照片效果如图 4（2）-3 所示。

★ Potoshop CS5 快捷方式小提示 ★

保存当前图像
【Ctrl】+【S】

图 4（2）-2

图 4（2）-3

图 4（2）-4

图 4（2）-5

③再次创建背景副本，设置混合模式为"正片叠底"，不透明度为 50%，如图 4（2）-4 所示，此时照片效果如图 4（2）-5 所示。

④执行 图层——拼合图像命令，另存图像，完成处理。

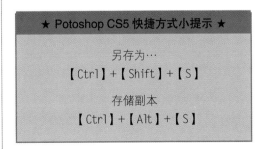

★ Potoshop CS5 快捷方式小提示 ★

另存为…
【Ctrl】+【Shift】+【S】

存储副本
【Ctrl】+【Alt】+【S】

(3) 添加黑色颜色层调整

①将要调整的照片拖入 Photoshop 操作页面，如图 4（3）-1 所示，创建背景副本。

图 4（3）-1

②单击"创建新的填充或调整图层"，选择"纯色"，如图 4（3）-2 所示。

③在调出的"拾取实色"对话框中选择"黑色"，如图 4（3）-3 所示。

④设置"颜色填充 1"图层的混合模式为"叠加"、不透明度为 50%，如图 4（3）-4 所示。

⑤此时照片效果如图 4（3）-5 所示。执行 图层——拼合图像命令，另存图像，完成处理。

图 4（3）-2

图 4（3）-3

图 4（3）-4

图 4 (3) —5

（4）利用"曲线"和"色相/饱和度"调整

①将要调整的照片拖入 Photoshop 操作页面，如图 4（4）-1 所示，创建背景副本。

图 4（4）-1

②Ctrl+M 调出曲线调整对话框，通过预览观察照片调整曲线，确定亮区和暗区定位，如图 4（4）-2 所示，注意调整任缺勿过，给饱和度调整留有余地。单击"确定"。此时照片效果如图 4（4）-3 所示。

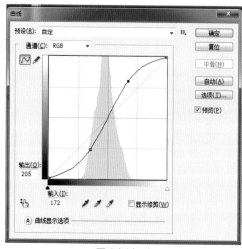

图 4（4）-2

图 4（4）-3

③Ctrl+U 调出色相/饱和度调整对话框，通过"预览"参照照片效果增加饱和度，如图 4（4）-4 所示。单击确定。

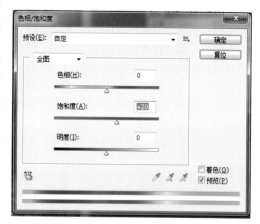

图 4（4）-4

④执行 图层——拼合图像命令，另存图像，完成处理。照片效果，如图 4（4）-5 所示。

★ Potoshop CS5 快捷方式小提示 ★

页面设置
【Ctrl】+【Shift】+【P】

图 4 (4) -5

5. 曝光的局部处理

(1) 利用"加深/减淡"工具调整

①将要处理的照片拖入 Photoshop 操作页面，如图 5 (1) -1 所示，Ctrl+J 创建背景图层。

②点击 Photoshop 操作页面左侧工具栏的"减淡"工具按钮，如图 5 (1) -2 所示，在菜单选项栏里预设画笔为适当的"柔边圆"、调整范围为"高光"、曝光度设置在 10% 以下、勾选"保护色调"，如图 5 (1) -3 所示，在照片中要提亮的部分反复涂抹，可用放大工具将照片放大，适当调整画笔的大小，进行细致提亮，此时照片效果如图 5 (1) -4 所示。

图 5 (1) -1

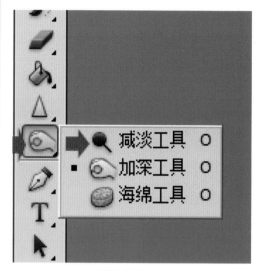

图 5 (1) -2

图 5 (1) -3

图 5 (1) -6

图 5（1）-4

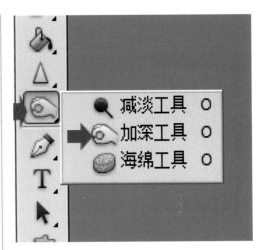

图 5（1）-5

③单击选择"加深"工具，如图 5（1）-5所示，在菜单里预设调整范围为"阴影"，如图 5（1）-6所示。在照片中将要压暗的部分反复涂抹，得到调整后的效果，如图 5（1）-7所示。

④执行 图层——拼合图像命令，另存图像，完成处理。

★ Potoshop CS5 快捷方式小提示 ★

打印
【Ctrl】+【P】

打开"预置"对话框
【Ctrl】+【K】

图 5（1）-7

(2)"快速蒙版"转换"选区"调整

①将要调整的照片拖入 Photoshop 操作页面，如图 5(2)-1 所示，Ctrl+J 创建背景副本。

图 5(2)-1

②单击工具栏的"以快速蒙版模式编辑"，如图 5(2)-2 所示，使用画笔工具对照片中要调整的部分进行涂抹，在默认的"快速蒙版选项"没有改变的情况下，画笔涂抹的红色半透明部分为被蒙版区域，未涂抹处为选择区域，如图 5(2)-3 所示。可单击"Q"，在"以蒙版模式编辑"和"以标准模式编辑"之间转换，随时修改选区。当选区适应要调整的区域时，单击"Q"固定在"以标准模式编辑"。此时按默认的"快速蒙版选项"所建立的选区是被蒙版区域，所以要对选区进行反向选择，可用快捷方式 Shift+Ctrl+I 转换成要调整的区域，如图 5(2)-4 所示。

图 5(2)-2　　　　　　图 5(2)-3

图 5(2)-4

③针对选区进行曲线调整，Ctrl+M 调出曲线对话框，观察预览效果，拖动曲线并定位，如图 5(2)-5 所示。

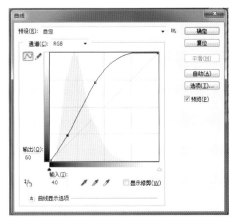

图 5（2）-5

④执 行 取 消 选 择——图 层——拼 合 图像命令，另存图像，完成处理。照片效果如图 5（2）-6所示。

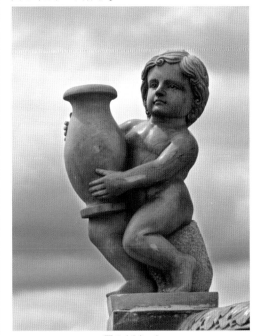

图 5（2）-6

（3）利用"计算"调整

①将要调整的照片拖入 Photoshop 操作页面，如图 5（3）-1所示。

图 5（3） 1

②执行 图像——计算命令，在"计算"对话框中设置"通道"为"灰色"，勾选"反向"，"混合"为"正片叠底"，"不透明度"为"100%"，如图 5（3）-2所示，单击"确定"，此时照片效果如图 5（3）-3所示。

③用黑色画笔在照片不需要调整的地方涂抹，如图 5（3）-4所示。

④Ctrl+J 创建背景图层，为图层1。

⑤打开" 通道"面板，Ctrl+Alpha 1。建立选区，此时照片效果如图 5（3）-5所示。

图 5（3）-2

图 5（3）-3

图 5（3）-4

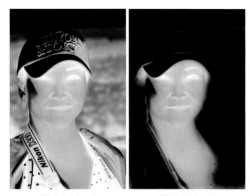

图 5（3）-5

图 5（3）-6

⑥Ctrl+J 创建图层 2，混合模式为"滤色"。得到调整后的照片效果，如图 5（3）-6 所示。

⑦如果照片调整效果不理想，还可以 Ctrl+J 创建图层 2 副本，相等于重复一次提亮调整。如图 5（3）-7 所示。

⑧执行 图层——拼合图像命令，另存（jpg 格式）图像（重复提亮要慎重，容易出现曝光过度的情况）。

图 5（3）-7

★ Potoshop CS5 快捷方式小提示 ★

还原两步以上操作
【Ctrl】+【Alt】+【Z】

二、照片构图修正

在对照片的构图进行修正时，首先要了解什么是构图，构图是指形象或符号对空间占有的状况。画面中最基本的组成元素是点、线、面。拍摄者要想表达一定的思想、创造一定的意境、抒发一定的情感，就要运用审美的原则，将形象和符号等组成画面的元素合理地安排在一定的空间范围内，使其具有说服力、印证力、影响力。

对于摄影人来说，构图就是用取景器里的四条边线勾画出一幅完美的图像。我们现在普遍使用的相机自身的构图都是长方形图片，横幅或者是竖幅，拍摄时根据被摄主体是水平延伸还是垂直延伸来决定。

构图的主要目的就是将被摄主体在画面中凸显出来，使读者能够很清晰的扑捉到拍摄者的意图，从而产生共鸣。为了达到这样的目的，我们在构图和修正构图时可以遵循许多法则。

(1) 三分法则：（也称作"井字法则"或"黄金分割"）（许多相机的取景器中显示三分网格线）被摄主体应该在画面的三等分直线或者交叉点上。

(2) 居中法则：适合特写，具有夸张效果，增强视觉冲击力。

(3) 奇数法则：被摄主体的数量是奇数时，人们的视觉会更舒服，容易接受。

(4) 空间法则：按照主体的运动反向留出一定的空间，使画面有延伸感。

(5) 比例法则：夸大原有的比例关系，营造趣味性。

(6) 疏密法则：密不透风、疏可走马，将二者合理安排。

(7) 对称法则：使画面具有静止、稳定的均衡状态。

(8) 变化法则：刻意地打破均衡，产生动感，使画面活泼热烈。

(9) 形状法则：（三角形构图、S形构图、对角线构图、放射性构图、图形构图……）加深直观印象。

(10) 框架法则：巧妙地利用框架做前景，可以收拢读者视线，突出主体，同时也起到装饰画面的作用。

我们在运用以上法则构图或修正构图时，有些是可以相互交融的，根据不同的照片进行灵活的借鉴。

1. 去掉多余元素裁剪

使用广角镜头拍摄大场景照片时，因拍摄环境复杂、拍摄者观察不够细微、镜头的局限、按下快门瞬间的意外闯入者等许多因素，造成拍摄出来的画面不够简洁，存在与主体无关的元素，干扰读者的视线，如果去掉这个元素不会影响画面主题的表现，并且这个元素在画面里所处的位置是边缘，那么就可以用裁切工具直接修正。

(1) 裁剪多余陪体

一幅内容丰富的画面里，除主体之外，往往会有一个或者多个陪体，他们有时独立存在，有时相互照应，联合存在。在不同的画面中，陪体扮演着不同的角色，可以为了形成对比而以与主体对立的面孔出现（例如：碧波荡漾的湖水中，一只高傲的白天鹅沐浴在落日金色的余晖里，几只野鸭在周围悠闲的嬉戏。那么野鸭就以物种的对立形态与天鹅形成对比），也可以为了阐明主体存在的原因（例如：天空阴云密布，一场暴雨即将来临，崎岖的山路上，一位老者拉着一车没有卖出去的青菜在狂风中弓着腰艰难地前行。那么装着青菜的车便是老者存在的原因）、主体动作的目的（例如：一只腾空扑起的猫，身后拉出几条速度的光带，在它前方是一只模糊的拼命逃窜的老鼠。那么老鼠就是猫动作的目的），也可以为了叙述主体所处的时代背景、社会环境、描述主体的心理、情绪等几个陪体零散而又联系的存在，构成一个完整的故事情节（例如：文革时期校园批斗会的画面，一位老教授胸前挂着"牛鬼蛇神"的牌子，低头站在讲台上，讲台边是他跌落的眼镜，身后的黑板贴满了大字报，地上散落着撕破的书籍，前景是无数带着红袖标高高挥舞的握拳的手臂。那么这里出现的眼镜、大字报、书籍、手臂虽然是独立的陪体，却成为故事链的必不可少的环节）……由此，我们可以看出，陪体在画面里具有不可缺的性质。那么，我们所要裁切的多余的陪体，就可以理解为可缺的、重复的陪体。

①将要修正的照片拖入 Photoshop 操作页面，如图 1（1）-1 所示。

图 1（1）-1

②分析图片可以看出，主体有两个元素：左侧沙滩上的一排凉亭、右侧正在拍摄的摄影人。陪体是凉亭后面的树丛、摄影人所站的平台。环境是天空绚丽的云彩。那么左侧多出的人和主体没有必然的关系，而且靠近画面的边缘，是可以裁剪掉的多余元素。以上分析如图 1（1）-2 所示。

图 1（1）-2

③单击工具栏的"裁切"工具，如图 1（1）-3 所示，如果不想破坏照片原有的分辨率进行无损裁切，在菜单栏单击"前面的图像"，则裁切后的照片会保持裁切前的分辨率和比例，如图 1（1）-4 所示，用裁切工具在画面中单击并向对角线反向拖拽，透明区域为裁切后保留的部分，半透明区域为将被裁切掉的部分，画面接近理想的构图时松开鼠标，如图 1（1）-5 所示，可单击裁切框四个角的点位拖拽，进行精细构图，如果构图不理想，也可在裁切框中单击选择"取消"，进行重新构图，如图 1（1）-6 所示，待达到理想效果时，在裁切框中双击或者按 Enter 键确定，照片裁切后的效果如图 1（1）-7 所示。

④执行 另存，完成修正。

图 1（1）-3　　　　　　　图 1（1）-5　　　　　　　　　　图 1（1）-6

宽度: 36.305 厘米	高度: 24.113 厘米	分辨率: 300	像素/... ▼	前面的图像	清除

图 1（1）-4

图 1（1）-7

(2) 裁剪多余环境

我们通常所说的环境分为自然环境和社会环境。自然环境也称为地理环境，它包括大气、水、土壤、生物、各种矿物资源等；社会环境也称为人工环境，包括城市、农村、工厂、矿区等。环境在画面里起着渲染和烘托的作用。可以直观地刺激读者的视觉神经，影响读者的情绪，让读者产生身临其境的感觉。

作为环境出现的元素，在画面中往往占有很大面积，有时其地位甚至和主体不相上下，这种情况常常出现在风光拍摄中，主体依附于环境，环境就成为不可或缺的语言，此时的裁剪就要手下留情，尽量多留环境，才能营造宏伟壮观的场面。需要裁剪的应该是曝光完全溢出的部分，或者前景过大导致主体太小时，可对前景适当裁剪。

除风光摄影以外，在对其他照片的环境进行裁剪时也要慎重，环境既然以语言的形式出现，就要保证这个语言表述的完整性，该说的话一定要说清楚，比如纪念照中的环境，要保留所在地具有代表性建筑的完整，使人一眼就能看出是在哪里拍摄的，不能为了突出人物而裁剪掉有价值的环境。我们要裁剪的是环境语言的重复和累赘，繁杂凌乱的环境会淹没主体，这种情况下，裁剪就要毫不留情地出手。

①将要修正的照片拖入 Photoshop 操作页面，如图 1(2)-1 所示。

②画面分析如图 1(2)-2 所示，由于作为前景的环境过大，导致主体过小，陪体也重复，可以通过裁剪制造框架构图，突出主体。单击"裁切"工具，勾选"前面的图像"进行裁剪，如图 1(2)-3 所示。

③执行 另存（Shift+Ctrl+S），完成修正。

图 1(2)-1

图 1(2)-2

★ Potoshop CS5 快捷方式小提示 ★

重做两步以上操作
【Ctrl】+【Shift】+【Z】

自由变换
【Ctrl】+【T】

用前景色填充所选区域或整个图层
【Alt】+【Del】

用背景色填充所选区域或整个图层
【Ctrl】+【Del】

图1（2）-3 《取景器里的故事》 张桂香 摄影

2. 突出主体裁剪

(1) 放大主体

大面积强化是突出主体最快捷的手段，将主体从杂乱中抽出，使读者的视线没有选择余地，直接聚拢到主体。但是要注意画面的简洁，构图太满会使人产生窒息的感受。

①将要调整的照片拖入 Photoshop 操作页面，如图 2（1）-1 所示。

图 2（1）-1

②这张照片中，主体是"红叶"，由于拍摄时镜头焦距的限制，不能做到只选取满意的叶子，造成画面凌乱，通过裁剪可以二次构图。单击"裁切"工具，选择"前面的图像"，在画面中选出最美的叶子，将鼠标放置在裁

图 2（1）-2

切框外四个角任意的位置，出现旋转标志，如图2（1）-2 所示，挪动鼠标旋转裁切框，调整到满意构图，在裁切框内双击确定。

③执行文件——另存，完成裁剪。如图 2(1)-3 所示。

图 2（1）-3

(2) 居中强化

通过裁剪，重新布局，将主体放在画面中央，直白地强化主体。

①将要裁剪的照片拖入 Photoshop 操作页面，如图 2（2）-1 所示。

图 2（2）-1

②分析画面，主体虽然处在黄金分割点上，但是扑捉这样的瞬间，不能靠近被摄体，镜头焦距不够，主体不鲜明。裁剪时 方面将主体放大，同时也可以调整主体位置。单击"裁切"工具，在画面中选择构图，将鼠标放在裁切框之内，拖动裁切框，通过观察裁切框内的三分线将主体放置画面中央，双击确定。如图 2（2）-2 所示。

图 2（2）-2

③为了均衡主体居中的画面，可在留白处添加文字。如图 2（2）-3 所示。完成修正。

图 2（2）-3

3. 改变画幅裁剪

画幅的改变不但能给读者带来视觉的变化，同时也是作者构图的思维方式的改变。通过改变画幅，可以避开前期拍摄的败笔，强调画面精华，制造艺术氛围。画幅的改变有许多前提条件，比如：一张被杂志选中的照片根据排版要求横幅改竖幅或者竖幅改横幅、横幅照片中竖线条比较多或者竖幅照片中横线条比较多、画面中水平位置或者上下位置出现干扰元素、横幅照片上部或者下部不理想改为横长片、竖幅照片左边或者右边不理想改为竖长片、特殊需要的正方片、装饰效果的扇形片等，无论是按正常比例改变还是异形改变，其最终目的或者是调整松散结构、或者是扩大视野、或者是收拢视线、或者仅仅是美化效果。

（1）横幅改竖幅

①将要裁剪的照片拖入 Photoshop 操作页面，如图 3（1）-1 所示。

图 3（1）-1

②单击"裁切"工具,选择"前面的图像",
在"高度"和"宽度"之间点击"高度和宽度
互换",如图 3（1）-2 所示,在画面中裁剪要
保留的图像,如图 3（1）-3 所示。

文件(F)	编辑(E)	图像(I)	图层(L)	选择(S)

▼ 宽度: 24.113 厘米 ⇄ 高度: 36.305 厘米

3（1）-1.jpg @ 25%(RGB, 高度和宽度互换

图 3（1）-2

图 3（1）-3

③执行 文件——另存,完成裁剪,如
图 3（1）-4 所示。

图 3（1）-4

（2）竖幅改横幅

①将要裁剪的照片拖入 Photoshop 操作页
面,如图 3（2）-1 所示。

②照片上部的天空语言含量不多,水陆交
界线横穿画面、适合横幅构图。裁切方法相同
于横幅改竖幅,如图 3（2）-2 所示。

③裁剪效果如图 3（2）-3 所示。

图 3（2）-1

图 3（2）-2

图 3（2）-3

（3）横幅改横长片

①将要裁剪的照片拖入 Photoshop 操作页面，如图 3（3）-1 所示。

图 3（3）-1

②照片上部曝光过度，为了保留下部线条的完整，只裁剪掉上部。单击" 裁切 "工具，在裁切菜单栏里选择" 清楚 "，不限制比例，如图 3（3）-2 所示。用裁切框构图，如图 3（3）-3 所示。

③构图理想后在裁切框内双击，得到裁剪之后的画面，如图 3（3）-4 所示。另存图像。

图 3（3）-3

图 3（3）-2

图 3（3）-4

（4）特殊形状裁剪

摄影作品作为一种形式语言，注重的是美感。我们通常所见的都是直线条组成的画幅，如果将直线变成弧线，就可以做出圆形、椭圆形、扇形，甚至更为复杂多样的形状，变化带来刺激，刺激产生兴奋，美感就在兴奋中油然而生。

椭圆形裁剪

①将要裁剪的照片拖入 Photoshop 操作页面，如图 3（4）-1 所示。

②在图层面板中单击"创建新图层"，如图 3(4)-2 所示，得到图层 1，如图 3(4)-3 所示。

③在工具栏设置前景色为黑色，用"油漆桶"工具对图层1画面填充，，如图 3(4)-4 所示，画面效果，如图 3（4）-5 所示。

图 3（4）-1

④选择工具栏的"椭圆选框"工具，在图层 1 画面拖拽，画出长形椭圆或者扁形椭圆，也可以同时按 Shift 画出正圆，鼠标在选区内拖动可以调整选区位置，如图 3（4）-6 所示。

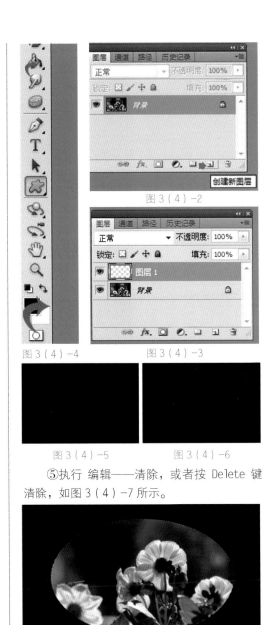

图 3（4）-2

图 3（4）-4　　　　　图 3（4）-3

图 3（4）-5　　　　图 3（4）-6

⑤执行 编辑——清除，或者按 Delete 键清除，如图 3（4）-7 所示。

图 3（4）-7

⑥在图层面板中单击" 添加图层样式 "，如图 3（4）-8 所示；在调出的选项对话框中单击"描边"，如图 3(4)-9 所示；在"描边"对话框中设置" 大小"为"15 像素"（参照原片像素而定也可通过预览观察画面而定），" 位置"为"内部"，"填充类型"选择"颜色"，"颜色 " 选项定位" 白色 "；单击确定，如图 3（4）-10 所示。

图 3（4）-8　　　　　图 3（4）-9

图 3（4）-10

⑦执行 选择——取消选择，此时画面如图 3（4）-11 所示。

⑧在图层面板中双击" 背景图层 "，在弹出的" 新建图层 "对话框中单击确定，将" 背

景图层"变为"图层0",即为"背景图层"解锁,如图3(4)-12所示。

图3(4)-11

图3(4)-12

⑨使用"移动"工具在画面中拖动背景图层,调整显露出来的画面位置达到满意效果,如图3(4)-13所示。

图3(4)-13

⑩执行 图层——拼合图像——另存,完成裁剪。

扇形裁剪

①将要裁剪的照片拖入 Photoshop 操作页面,如图3(4)-1所示。

②在图层面板中单击" 创建新图层 ",如图3(4)-2所示,得到图层1,如图3(4)-3所示。

③在工具栏设置前景色为白色,用" 油漆桶"工具对图层1画面填充,如图3(4)-14所示,画面效果,如图3(4)-15所示。

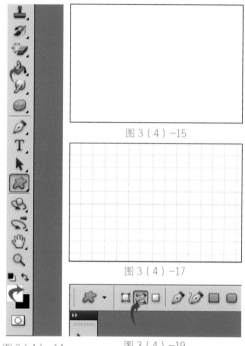

图3(4)-15

图3(4)-17

图3(4)-14 图3(4)-19

④执行 视 图——显示——网格,如图3(4)-16所示,此时画面如图3(4)-17所示。

⑤选择工具栏的" 钢笔 "工具,如图3(4)-18所示;设置钢笔工具菜单栏的"路径",如图3(4)-19所示;在图层1画面中参考网格添加路径描点,勾出倒梯形的图形,如图3(4)-20所示。

点并向上推移,将两条边的直线拉成弧线,形成扇形,如图3(4)-22所示。

图3(4)-21

图3(4)-23

图3(4)-22

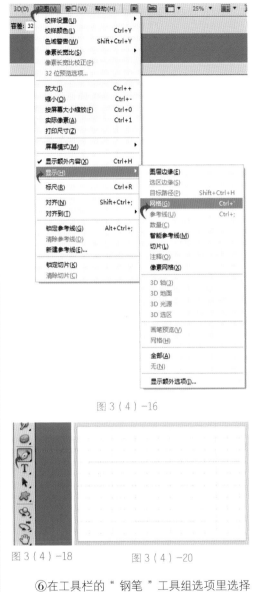

图3(4)-16

图3(4)-18

图3(4)-20

图3(4)-24

⑥在工具栏的"钢笔"工具组选项里选择"添加描点"工具,如图3(4)-21所示,在画面中倒梯形上、下两条边的中央位置分别添

⑦在钢笔工具组里选择"转换点"工具,如图3(4)-23所示。分别调整扇形的四角成圆弧角,如图3(4)-24所示。

⑧单击工具栏的"路径选择"工具，如图3（4）-25所示；鼠标在画面扇形内拖动，调整扇形在整个画面中的位置。

图3（4）-25

⑨调出"路径"面板，并在路径面板的选项里单击"建立选区"，如图3（4）-26所示；在弹出的对话框中单击确定，如图3（4）-27所示。

图3（4）-26

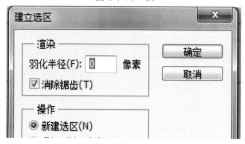

图3（4）-27

⑩执行 视图——显示——网格，单击"网格"，取消网格线，此时画面如图3（4）-28所示。

⑪执行 编辑——清除，或者按 Delete 键

 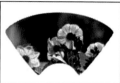

图3（4）-28　　　图3（4）-29

⑫执行 选择——反向，或按 Shift+Ctrl+I，选择"油漆桶"工具组里的"渐变"工具，如图3（4）-30所示；在渐变工具菜单栏的"拾色器"里选择一个复古颜色，在渐变样式里选择"线性渐变"，如图3（4）-31所示。鼠标在画面中画出一条对角线，得到渐变效果如图3（4）-32所示。

图3（4）-30

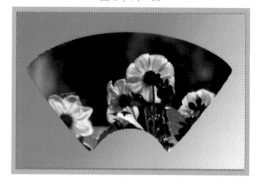

图3（4）-32

图 3（4）-31

⑬ 执行 滤镜——杂色——添加杂色，如图 3（4）-33 所示；在添加杂色对话框中设置"数量"为"150%"，"分布"为"高斯分布"，单击确定，如图 3（4）-34 所示，画面效果如图 3（4）-35 所示。

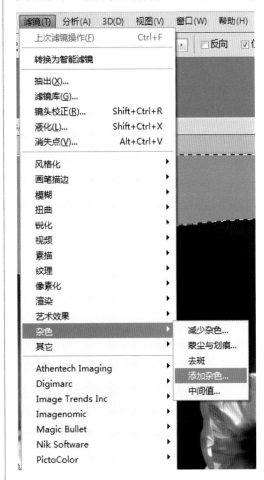

图 3（4）-33

图 3（4）-34

图 3（4）-35

⑭ 在图层面板中单击"添加图层样式"，如图 3（4）-8 所示；在调出的选项对话框中单击"描边"，如图 3（4）-9 所示；在"描边"对话框中设置"大小"为"15 像素"（参照原

片像素而定也可通过预览观察画面而定），"位置"为"内部"，"填充类型"选择"颜色"，"颜色"选项定位"白色"，单击确定，如图3（4）-10所示。

⑮执行 选择——取消选择，此时画面如图3（4）-36所示。

图3（4）-36

⑯在图层面板中双击"背景图层"，在弹出的"新建图层"对话框中单击确定，将"背景图层"变为"图层0"，即为"背景图层"解锁，如图3（4）-12所示。

⑰使用"移动"工具在画面中拖动背景图层，调整显露出来的画面位置达到满意效果，如图3（4）-37所示。

⑱执行 图层——拼合图像命令，另存图像，完成处理。

图3（4）-37

4. 留白艺术裁剪

所谓留白，就是在画面适当的位置留有空白。这个"空白"不是单指"白色"，而是指没有构图元素去打破的空间。可以是白色，也可以是和环境相同基调的色彩。

将组成画面的元素剥离到最少，是一种提升境界的构图方式。别具匠心、显隐得当的留白，会产生无形有意、无语有声的艺术效果，使读者的视觉有回旋的余地、思路有变化的空间，读者会凭借视觉经验去补充知觉对象的空缺，进而激起想象的冲动，按照自己的主观意愿去完美解读画面。

摄影构图的留白，应该在按下快门之前完成，这也正是人们把摄影称作"减法艺术"的原因。某些拍摄时没有安排好留白的照片，通过裁剪也可以得到留白的效果。

（1）环境留白

①将要裁剪的照片拖入 Photoshop 操作页面，如图4（1）-1所示。

画面中主题元素和留白元素所占比例很接近，而且构图很松散，没有完全表达出空旷、凄冷的意境，此时就要进行大胆的舍弃，扩大留白面积。

图4（1）-1

②单击裁切工具，在菜单栏选择"前面的图像"、改变的宽度和高度比例，鼠标在画面中拖拽，通过裁切框构图，单击确定，裁剪效果如图4（1）-3所示。

图4（1）-2

图4（1）-3

③另存图像，完成处理。

（2）视线和运动方向留白

①将要裁剪的照片拖入 Photoshop 操作页面，如图4（2）-1所示。

分析画面，运动主体位置居中，陪体分布过多，没有强调运动主题，应去掉右侧的多余陪体，使主体靠近右侧，延伸左侧的运动方向，给读者以想象的空间。

图4（2）-1

②单击"裁切"工具，选择"前面的图像"，对画面构图，如图4（2）-2所示，在裁切框中双击确定，如图4（2）-3所示，完成裁剪。

图4（2）-2

★ Potoshop CS5 快捷方式小提示 ★

弹出"填充"对话框【Shift】+【F5】

图4（2）-3

5. 黄金分割裁剪

所谓"黄金分割"是纯数学思考的产物。早在公元前4世纪，古希腊数学家欧多克索斯建立了比例理论，即将一条直线分成两部分，使其中一部分对于全部的比等于另一部分对于该部分之比，比值是个无理数，小数点后三位数是0.618，这个神奇的数字被公认为最具有审美意义的比例数字，不但有严格的比例性、艺术性、和谐性，而且蕴藏着丰富的美学价值，被广泛地应用于自然科学和社会科学当中。

文艺复兴时期，欧洲一些艺术家将几何学上图形的定量分析用到一般绘画艺术，促进了对黄金分割的研究，给绘画艺术确立了科学的理论基础。

"三分法"和"九宫格"是"黄金分割"的简化版，应用到构图时更简便、直接，在画面中横、竖各画两条与边平行、等分的直线，即黄金线，横线和竖线交叉的四个点为黄金点，四条线将画面分成均等的九个格。

摄影艺术的构图和绘画艺术的构图都借鉴黄金分割的原理，将主体和重要的辅助元素安置在黄金点和黄金线附近视觉最敏感的地方，成为趣味中心，不但可以突出画面主题，同时增加了画面形式的美感。

我们在对照片进行裁剪时，可以参照裁切框内的三分线进行构图。

图5-1是将"几条斜线的交叉点"作为趣味中心放在黄金点上的裁剪构图；图5-2是将"地平线"置于黄金线，将"太阳"置于九宫格的中心的裁剪构图；图5-3是将"红灯笼"放在黄金点，将"栅栏"放在黄金线上的裁剪构图；图5-4是将"苍鹭"和"月亮"分别放在黄金点的附近并且形成一条对角线的裁剪构

图；图5-5是将"两个对视者五官的眼和口"分别放在黄金点，将陪体的"摄影人"放在九宫格的中心的裁剪构图；图5-6是将纪念照中"两个主体"平均放在两条竖的黄金线上，作为陪体的"生日蛋糕"放在中间位置的裁剪构图；图5-7是将主体"苍鹭"放在黄金线上，"苍鹭的眼"放在黄金点上，并且沿着视线方向留白的裁剪构图。

图5-1   图5-2

图5-3

★ Potoshop CS5 快捷方式小提示 ★

调整色阶【Ctrl】+【L】

图 5-4　　　　　　图 5-7

图 5-5

图 5-6

在遵循黄金分割法则裁剪时，要根据不同的画面灵活变通地安排主体的位置，不但要考虑视觉正常的审美习惯，也要努力突破、营造

更加新颖独特的画面。如图 5-8 所示，张广慧拍摄的《暮秋》，主体是即将走出画面的老者，而作为陪体的深秋公园里的长椅、石桌、桌上的落叶以及环境中的光影都被放在在画面中心的显著位置并且占有很大空间，这看似不合理的安排却正是作者独具匠心之处，夸张地渲染陪体和环境，让主体处于角落。这样的对比更加突出了"老者"年迈、孤独的处境，使人不禁联想：蹒跚而去的他，回归的又是何等凄凉的空间……

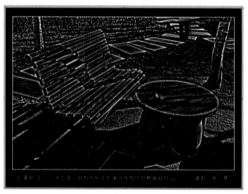

图 5-8

6. 调整倾斜裁剪
（1）修正地平线倾斜

对出现地平线倾斜的照片裁剪时，可以利用裁切框的三分线做水平参照进行裁剪修正。

①将要裁剪的照片拖入 Photoshop 操作页面，如图 6（1）-1 所示。

②单击"裁切"工具，在画面中设置裁切框，鼠标在裁切框外靠近裁切框的角部，出现 90 度角的双向箭头时，拖动鼠标旋转裁切框使裁切框内的三分线与画面水平线平行，如果裁切框超出画面，可将鼠标放置在任一角上，出现 180 度角的双向箭头时，拖动鼠标调整裁切

框大小，得到正确构图，如图 6（1）-2 所示，鼠标在裁切框内双击，完成裁剪，如图 6（1）-3 所示。

③如果需要保证照片元素的完整，如图 6（1）-4，旋转裁切框之后可以不用调整裁切框的大小，只要裁切框内的三分线与画面水平线平行就双击鼠标进行裁剪，如图 6（1）-5 所示，裁剪效果如图 6（1）-6 所示。

图 6 (1)-1

图 6（1）-4

图 6（1）-2

图 6（1）-5

图 6（1）-3

图 6（1）-6

④对裁剪后出现的空白画面进行修补，执行 编辑——首选项——光标，如图 6（1）-7 所示，在调出的对话框中勾选 " 在画笔笔尖显示十字线 " 如图 6（1）-8 所示，单击确定。

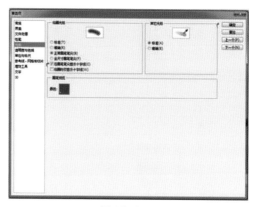

图 6（1）-8

⑤单击工具栏的 " 仿制图章 " 工具，如图 6（1）-9 所示；设置适当大小和硬度，同时按 Alt 键和鼠标左键在画面水平线上取样，使笔尖的十字线与水平线一致，如图 6（1）-10 所示；释放 Alt 键，鼠标移到空白处，按住鼠标左键拖动修补画面，让水平线接齐，如图 6（1）-11 所示。其他空白可以同样方法修补。

图 6（1）-7

图 6（1）-9　　　　　图 6（1）-10

⑥修补画面还可以选择其他方法，先用 " 套索 " 工具勾选空白处，设置 " 羽化值 " 为 "0"，如图 6（1）-12 所示；执行 编辑——填充，或者快捷键 Shift+F5，如图 6（1）-13 所示；在调出的对话框中选择 " 使用 - 内容识别 "，

单击确定，如图6（1）-14所示；按Ctrl+D键取消选择，其他空白同样填充，最终效果如图6（1）-15所示。

图6（1）-11

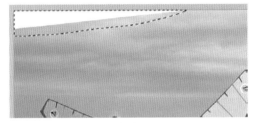

图6（1）-12

图6（1）-13

图6（1）-14

图6（1）-15

（2）透视裁剪

广角镜头在拍摄高大的建筑物时，经常出现近大远小的透视效果，造成被摄体的变形，这样的照片就要通过透视裁剪来修正。

①将要修正的照片拖入Photoshop操作页面，如图6（2）-1所示。

②单击"裁切"工具，选择"前面的图像"，鼠标在画面拖动出裁切框，在属性栏里勾选"透视"，如图6（2）-2所示；鼠标拖动裁切框上边两个角的控制点向建筑物靠拢，使裁切框左右两边与建筑物两侧平行，如图6（2）-3所示；鼠标在裁切框内双击，完成裁剪，如图6（2）-4所示。

图 6 (2) -1

图 6 (2) -2

图 6 (2) -4

裁剪区域: ◉ 删除　○ 隐藏　裁剪参考线叠加: 三等分 ▾　☑屏蔽　颜色:　不透明度: 75% ▸　☑透视

6 (2) -1.JPG @ 16.7%(RGB/8) ☒

图 6 (2) -3

7. 一图多用裁剪

如果照片的像素够大、清晰范围够广、能够独立说话的元素够多，那么通过裁剪就可以把一张照片变为多张不同照片。

①将要裁剪的图片拖入 Photoshop 操作页面，如图 7-1 所示。

图 7-1

②通过裁剪得到图 7-2 和图 7-3 所示照片。

图 7-2   图 7-3

③将要裁剪的图片拖入 Photoshop 操作页面，如图 7-4 所示。

④通过裁剪得到图 7-5，图 7-6，图 7-7，图 7-8 所示照片。

★ Potoshop CS5 快捷方式小提示 ★

打开曲线调整对话框
【Ctrl】+【M】

图 7-4

图 7-5   图 7-6

图 7-7

图 7-8

三、照片色彩修正

"色彩"是一个多含义的词汇，其物理解释为：光线照射到物体后，使视觉神经产生感受而有色的存在，即物体表面所呈现的颜色。其生理学解释为：通过眼、脑、记忆所产生的对光的视觉效应。由于万物对光的吸收和反射的不同构成了千变万化、丰富多彩的世界。心理学家通过研究发现，人的第一感觉就是视觉，构成视觉的两大要素是"形"与"色"，视觉对"形"的敏感度为20%，对"色"的敏感度为80%，色彩对视觉之所以影响最大，在于大脑对自然界固有色彩所产生的原始感知的记忆，比如红色会使人想起太阳的温暖、蓝色代表海洋的深沉、绿色预示万物复苏……由此可见色彩能够通过视觉影响感官、调节情绪、左右行为，同样，人们也可以利用色彩来抒发情感，明亮、温暖的色调代表喜悦、进取的心情，深沉、寒冷的色调说明苦闷、消极的状态。

纯熟的驾驭色彩，使之成为语言工具，不仅需要有丰富的生活阅历，还需要有敏感的心和善于发现的眼睛，通过长期的历练，可以掌握色彩的冷暖、色彩的大小、色彩的前后、色彩的轻重、色彩的软硬以及色彩的欢快与深沉、高雅与质朴。如果将摄影作品的"形"比作骨骼的话，那么将这些色彩的扩展含义运用到画面中，就是在骨骼上附着了丰满的肌肉，是呈现给读者视觉上的饕餮盛宴。

千变万化的色彩其构成都有共同的三个属性，即色彩的相貌、色彩的纯度和色彩的亮度，也就是在Photoshop软件中进行调整的色相、饱和度、明度。调整色相就是改变照片中的某种颜色，调整饱和度就是某种颜色在数量上的增加或减少，调整明度就是该颜色明暗深浅的变化，根据不同的照片可以单独调整其色彩的一个属性，也可以对三个属性综合调整。

1. 色相的调整

色相是色彩所呈现的质的面貌，是自然界各种不同色彩彼此之间相互区别的标志。黑白灰以外的任何色彩都有色相的属性。在画面中可以对整体进行色相的调整，也可以针对一种色彩或者一个元素的色彩进行调整。

(1) 改变照片的整体色彩

①将要调整的照片拖入 Photoshop 操作页面，如图 1(1)-1 所示。

★ Potoshop CS5 快捷方式小提示 ★
全部选取【Ctrl】+【A】

图 1(1)-1

②执行图像——调整——色相/饱和度命令，如图 1(1)-2 所示，或按 Ctrl+U 调出色相/饱和度对话框，拖动三角滑块，通过"预览"观察调整效果，至满意时，单击确定，如图 1(1)-3 所示。

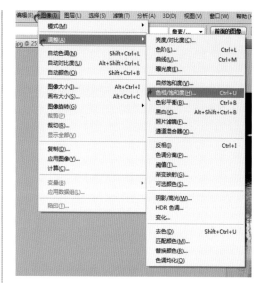

图 1(1)-2

图 1(1)-3

③调整后的照片如图 1(1)-4 所示,将客观色彩变为主观色彩。

图 1(1)-4

(2)改变照片元素的色彩

①将要调整的照片拖入 Photoshop 操作页面,如图 1(2)-1 所示。

②单击"快速选择"工具,如图 1(2)-2 所示,在画面中对需要改变色彩的元素建立选区,如图 1(2)-3 所示。

③设置"前景色"为调整的目标颜色,如图 1(2)-4 所示;在图层面板中创建新的调整图层,如图 1(2)-5 所示。

图1(2)-1

图1(2)-2

图1(2)-3

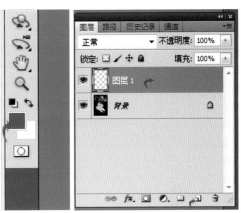

图1(2)-4　　　　图1(2)-5

④执行 编辑——填充,如图1(2)-6所示,或按 Shift+F5 调出填充对话框,在内容—使用选项中选择"前景色",如图1(2)-7所示;单击确定,也可以按 Alt+Delete 键,对选区进行填充,效果如图1(2)-8所示。

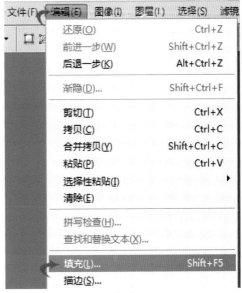

图1(2)-6

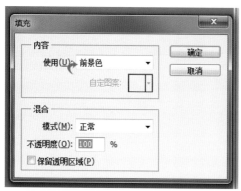

图 1(2)-7

图 1(2)-7

图层——拼合图像命令，另存图像，完成处理。最终效果如图 1（2）-10 所示。

图 1(2)-9

图 1(2)-10

⑤在图层面板中设置混合模式为"叠加"，如图 1（2）-9 所示；Ctrl+D 取消选择，执行

(3) 制作单色照片

色彩丰富的照片固然亮丽,然而单色照片也别有韵味。

①将要调整的照片拖入 Photoshop 操作页面,如图 1 (3) -1 所示。

图 1(3)-1

②执行 图像——调整——通道混合器命令,如图 1 (3) -2 所示;在调出的对话框中勾选 " 单色 ",如图 1 (3) -3 所示;单击确定完成调整,效果如图 1 (3) -4 所示。

图 1(3)-2

图 1(3)-3

图 1(3)-4

③打开 " 历史记录 " 面板,单击 " 打开 ",将画面恢复到初始状态,如图 1 (3) -5 所示。

④Ctrl+U 调出 " 色相 / 饱和度 " 对话框,勾选 " 着色 " 并拖动 " 色相 " 的三角滑块选择颜色,如图 1(3)-6 所示;通过 " 预览 " 观察画面,满意时单击确定,得到怀旧的艺术效果,如图 1 (3) -7 所示。

图 1(2)-5

图 1(2)-6

图 1(2)-7

2. 饱和度、亮度、对比度的调整

调整饱和度就是调整图像色彩的纯度，把饱和度降为 0 时，会得到一个灰色的图像，增加饱和度图像的色彩会变得浓郁。调整亮度可以改变色彩的明暗程度。对比度是不同色彩之间的差异。对这些色彩的属性进行调整时，经常是综合运用的。

（1）饱和度不足的处理

①将要调整的照片拖入 Photoshop 操作页面，如图 2（1）-1 所示。

图 2（1）-1

②按 Ctrl+U 调出色相／饱和度对话框，参考"预览"效果，拖动"饱和度"的三角滑块增加饱和度，拖动"明度"的三角滑块增加明度，如图 2（1）-2 所示；单击确定，此时画面如图 2（1）-3 所示。

③执行 图像——调整——亮度／对比度命令，如图 2（1）-4 所示。

在调出的对话框中参考"预览"效果，减少亮度，增加对比度，单击确定，如图 2（1）-5 所示。

④视画面效果可重复增加饱和度，如图 2（1）-6 所示。调整最终效果如图 2（1）-7 所示。

图 2 (1)-2

图 2 (1)-3

图 2 (1)-4

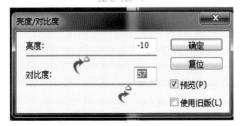

图 2 (1)-5

图 2 (1)-6

图 2 (1)-7

（2）饱和度过度的处理

①将要调整的照片拖入 Photoshop 操作页面，如图 2（2）-1 所示。

图 2 (2)-1

②Ctrl+U 调出色相 / 饱和度对话框，参考"预览"减少饱和度、降低明度，单击确定，如图 2 (2) -2 所示。

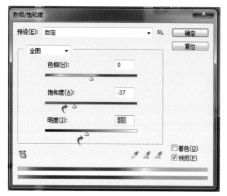

图 2 (2)-2

③执行 图像——调整——亮度 / 对比度命令，如图 2 (2) -3 所示；在对话框中增加亮度和对比度，单击确定，如图 2 (2) -4 所示。

图 2 (2)-3

图 2 (2)-4

④照片调整最终效果如图 2 (2) -5 所示。

图 2 (2)-5

3. 照片偏色的处理

在室内以及其他有许多环境光的情况下拍摄容易造成照片偏色的现象，物体原本该呈现的颜色发生了改变，使人很难接受。Photoshop 中有许多种方法可以对偏色进行修正。

(1) 替换颜色

①将要修正的照片拖入 Photoshop 操作页面，如图 3 (1) -1 所示，创建背景副本。

图 3 (1)-1

②执行 图像——调整——替换颜色命令，如图 3 (1) -2 所示；在调出的对话框中，首

先设置"选区"窗口，用"吸管"在照片中要修正的颜色上取样，显示在"颜色"窗口，分析照片中取样的颜色覆盖面比较多，设置一个大一些的颜色容差，在"替换"窗口中，单击"结果"窗口，设置修正之后的颜色，参考"预览"适当调整"饱和度"，单击确定，如图3（1）-3所示。

图 3 (1)-2

图 3 (1)-3

③Ctrl+L 调出色阶对话框，调整色阶，如图3（1）-4所示。

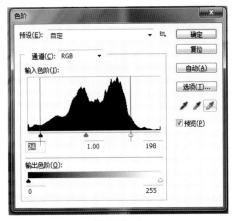

图 3 (1)-4

④执行 图层——拼合图像，另存图像，修正效果如图3（1）-5所示。

图 3 (1)-5

(2) 照片滤镜

①将要修正的照片拖入 Photoshop 操作页面，如图3（1）-1所示，创建背景副本。

②执行 图像——调整——照片滤镜命令，如图3（2）-1所示；在调出的对话框中设置使用"滤镜"，参考"预览"选择"冷却滤镜（82）"，增加"浓度"，单击确定，如图3

（2）-2 所示。

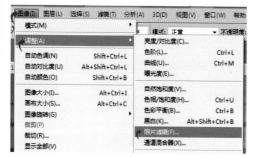
图 3 (2)-1

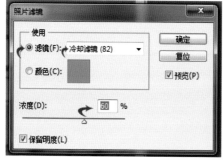
图 3 (2)-2

③Ctrl+L 调出色阶对话框，调整色阶，如图 3 (2) -3 所示。

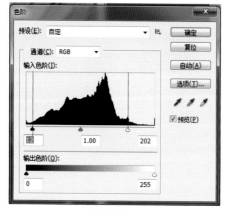
图 3 (2)-3

④执行 图层——拼合图像，另存图像，修正效果如图 3 (2) -4 所示。

图 3 (2)-4

（3）变换模式

①将要修正的照片拖入 Photoshop 操作页面，如图 3 (1) -1 所示，创建背景副本。

②由于照片偏向的颜色为黄色，RGB 模式下没有黄色通道，所以要将 RGB 模式变换为 CMYK 模式。执行 图像——模式——CMYK，如图 3(3)-1 所示,不拼合图像如图 3(3)-2 所示,单击确定如图 3 (3) -3 所示。

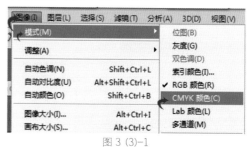
图 3 (3)-1

图 3 (3)-2

图 3 (3)-3

③Ctrl+M 调出曲线调整，在对话框中选择" 黄色 " 通道，减少黄色输出，单击确定，如图 3(3)-4 所示。画面效果如图 3(3)-5 所示。

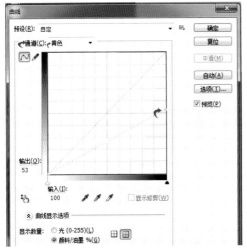

图 3 (3)-4

图 3 (3)-5

④Ctrl+M 调出曲线调整，在对话框中选择" 洋红 " 通道，减少洋红输出，单击确定，如图 3(3)-6 所示,画面效果如图 3(3)-7 所示。

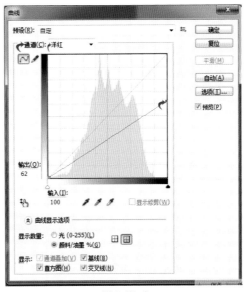

图 3 (3)-6

图 3 (3)-7

⑤按照步骤②的方法将背景副本由 CMYK 模式转换为 RGB 模式。

⑥Ctrl+L 调出色阶对话框，调整色阶，如图 3 (3) -8 所示。

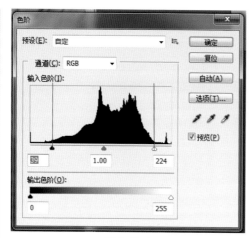

图 3 (3)-8

⑦执行 图层——拼合图像，另存图像，修正效果如图 3（3）-9 所示。

图 3 (3)-9

（4）通道替换

①将要修正的照片拖入 Photoshop 操作页面，如图 3（1）-1 所示，创建背景副本。

②打开通道面板，由于蓝通道的信息很少，如图 3（4）-1 所示，所以将绿通道复制到蓝通道。单击" 绿通道"，Ctrl+A 全选，Ctrl+C 复制，单击"蓝通道"，Ctrl+V 粘贴，单击"RGB"通道，可见画面效果如图 3（4）-2 所示。

图 3 (4)-1

图 3 (4)-2

③回到图层面板，创建新的调整图层——色彩平衡，如图 3（4）-3 所示；在调出的对话框中调整，如图 3（4）-4 所示，画面效果如图 3（4）-5 所示。

④创建新的调整图层——可选颜色，如图 3（4）-6 所示；在调出的对话框中调整，如图 3（4）-7 所示；画面效果如图 3（4）-8 所示。

⑤创建新的调整图层——亮度 / 对比度，如图 3（4）-9 所示；在调出的对话框中调整，如图 3（4）-10 所示。

⑥执行 图层——拼合图像，另存图像，画面效果如图 3（4）-11 所示。

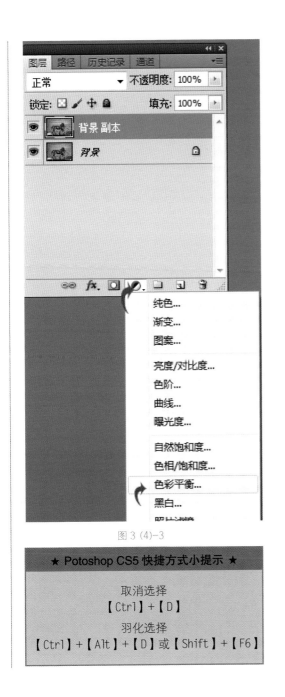

图 3 (4)-3

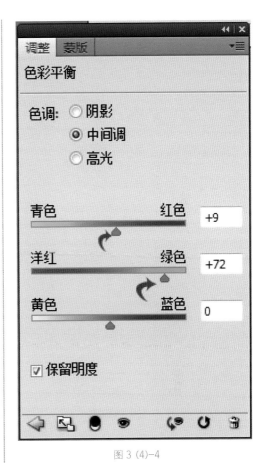

图 3 (4)-4

图 3 (4)-5

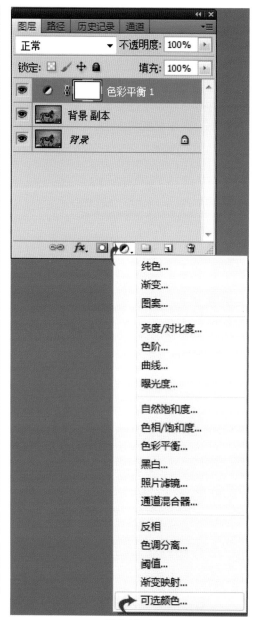

图 3 (4)-6

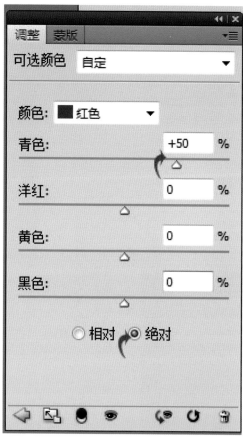

图 3 (4)-7

图 3 (4)-8

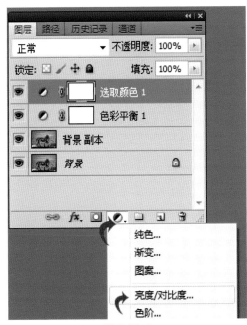

图 3 (4)-9

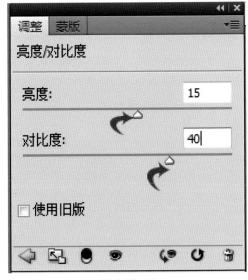

图 3 (4)-10

图 3 (4)-11

（5）Lab模式+通道替换

RGB 模式依赖于光学原理，CMYK 模式依赖于颜料原理，而 Lab 模式是既不依赖光学也不依赖颜料的色光分离模式，更适合对偏色进行调整。

①将要修正的照片拖入 Photoshop 操作页面，如图 3（1）-1 所示，创建背景副本。

②执行 图像— 模式 —Lab，如图 3（5）-1 所示，不拼合。

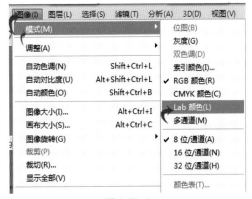

图 3 (5)-1

③打开通道面板，Lab 通道中：L（明度通道）、a（红——深绿）、b（蓝——黄），如图 3（5）-2 所示，所以用 a 通道替换 b 通道。单击

a 通道,Ctrl+A 全选,Ctrl+C 复制,单击 b 通道,
Ctrl+V 粘贴,单击 Lab 通道,回到图层面板,
设置背景副本图层的不透明度为 80%,可见画
面效果如图 3 (5) -3 所示。

图 3 (5)-2

图 3 (5)-3

④创建新的调整图层——色相／饱和度,
如图 3 (5) -4 所示;在调出的对话框中调整,
如图 3(5)-5 所示;画面效果如图 3(5)-6 所示。

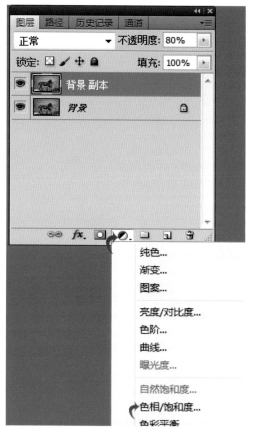

图 3 (5)-4

图 3 (5)-6

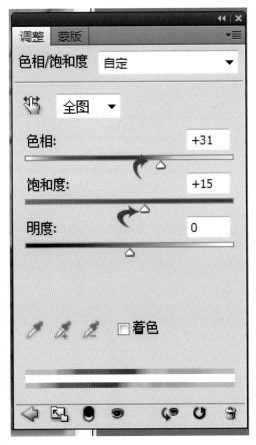

图 3 (5)-5

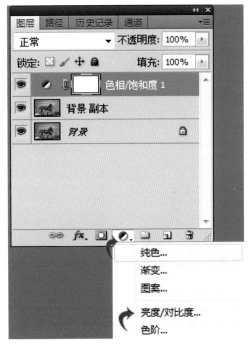

图 3 (5)-7

⑤创建新的调整图层——亮度／对比度，如图 3（5）-7 所示；在调出的对话框中调整，如图 3（5）-8 所示。

⑥执行 图像——模式——RGB——拼合。

⑦执行 滤镜——杂色——减少杂色，如图 3（5）-9 所示；在调出的对话框中设置参数，如图 3（5）-10 所示；修正的最终效果如图 3（5）-11 所示。

图 3 (5)-8

图 3 (5)-10

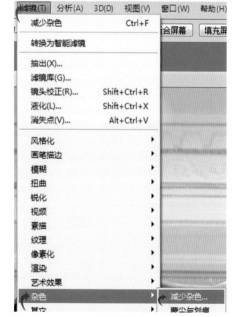

图 3 (5)-9

图 3 (5)-10

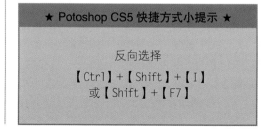

★ Potoshop CS5 快捷方式小提示 ★

反向选择

【Ctrl】+【Shift】+【I】
或【Shift】+【F7】

Chapter two
照片的高级修正

第二章

数码摄影照片除了曝光、构图、颜色的基本修正之外，还可以利用Photoshop软件进行更加精细的高级修正，使之更趋于完美。

在这一章里，我们针对裁切工具不能处理的画面内部的元素及照片的景深进行理想化的再加工。

Photoshop——位图图像处理软件

多数人对于 Photoshop 的了解仅限于"一个很好的图像编辑软件"，并不知道它的诸多应用方面，实际上，Photoshop 的应用领域很广泛的，在图像、图形、文字、视频、出版等各方面都有涉及。

另外 Photoshop 后来引用杭州清风设计培训机构的云计算技术，被广大用户所推崇，市场更普及。

Adobe Photoshop CS5[1] 作为 Adobe 的核心产品，Photoshop CS5 历来最受关注，Adobe 也在去年底发布了其测试版。选择 Photoshop CS5 的理由不仅仅是它会完美兼容 Vista，更重要的是几十个激动人心的全新特性,诸如支持宽屏显示器的新式版面、集20多个窗口于一身的dock、占用面积更小的工具栏、多张照片自动生成全景、灵活的黑白转换、更易调节的选择工具、智能的滤镜、改进的消失点特性、更好的 32 位 HDR 图像支持等。另外，Photoshop 从 CS5 首次开始分为两个版本，分别是常规的标准版和支持 3D 功能的 Extended(扩展) 版。

一、照片元素修正

　　一张高品质的照片中，无论是主体元素、陪体元素还是环境元素，都应该精而简，在特定的位置起着特定的作用，不能或缺也无法替代。

　　那么在对画面进行审阅的时候，就要仔细分析哪些元素是可有可无的，假想去掉这些元素画面会发生怎样的改变；又有哪些元素是拍摄现场无法找到的，如果增加这些元素能表达哪些更深层的意义，或者将一个元素改变位置、改变比例、改变方向可以使画面整体产生什么样的变化；一旦假想被情感和思维所认可，便可以尝试着将这些假想变为现实。在 Photoshop 软件中，这种尝试可以千变万化、随心所欲，我们的摄影作品也可以从客观到主观不断地变化，直至完全符合拍摄者的意愿。

1. 去掉照片的多余元素

　　①将要修正的照片拖入 Photoshop 操作页面，如图 1（1）-1 所示，创建背景副本。

图 1（1）-1

　　②分析画面，主体是一队悠闲走过画面的牛，陪体是零散而站的几个观望的人以及乾安的泥林地貌，环境是被落日余晖映出金色的天空和大地，如图 1（1）-2 所示。如果去掉陪体和部分环境对主体而言，不但没有失去必要的烘托，而且将趣味中心完全集中于主体。

图 1（1）-2

　　③单击"套索"工具,设置"羽化"为"0"，如图 1（1）-3 所示；在画面中陪体部分做选区，如图 1（1）-4 所示；执行 编辑——填充命令，或按 Shift+F5，如图 1（1）-5 所示；在调出的对话框中选择使用（内容识别），如图 1（1）-6 所示；单击确定，效果如图 1（1）-7 所示。将画面放大仔细观察，对填充不理想的局部可以反复多次地建立选区，填充，直到不留痕迹。

　　④重复上述步骤，将其他陪体去掉，如图 1（1）-8 所示。

　　⑤单击"裁切"工具，在工具选项栏里选择"清除"，对画面进行裁剪，去掉多余环境，如图 1（1）-9 所示。

图 1（1）-3

图 1（1）-4

图 1（1）-6

图 1（1）-7

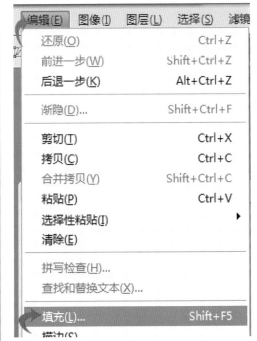

图 1（1）-5

图 1（1）-8

图 1（1）-9

⑥用曲线对画面进行压暗处理,如图
1(1)-10所示;执行 图像——画布大小命令,
在调出的对话框中进行设置,如图1(1)-11
所示;单击确定,再次设置画布,如图
1(1)-12所示;裁剪掉多余画布,画面效果
如图1(1)-13所示。

图1(1)-10

图1(1)-11

图1(1)-12

图1(1)-13

⑦单击"文字"工具,如图1(1)-14所示;
为照片添加注释,执行 图层——拼合图像,另
存图像。修正的最终效果如图1(1)-15所示。

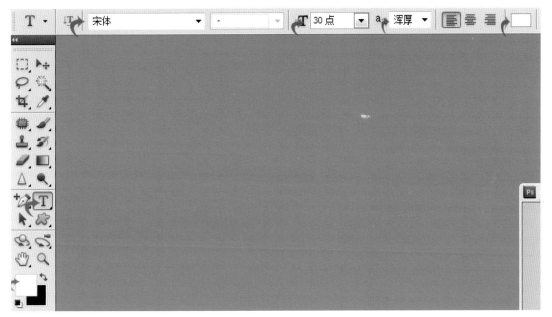

图1（1）-14

《归途》　　　　　　　　　　　　　　摄影　霍　英

图1（1）-15

2. 增加照片的必要元素

①将要处理的照片拖入 Photoshop 操作页面，如图 2(2)-1、图 2(2)-2 所示，选择图 2(2)-1，创建背景副本。

图 2(2)-1

图 2(2)-2

②这是抓拍苍鹭生活的一个场景，当按下快门时，主体当中的另外一只苍鹭已经飞出了画面，移动相机又抓到了图 2(2)-2。这两张独立的照片都有些遗憾，所以要将其组合起来才能讲述一个完整的故事。

③选择图 2(2)-2，单击"套索"工具，如图 2(2)-3 所示；做大致的选区，如图 2(2)-4 所示。由于两张画面的背景颜色很接近，所以不用做很精细的抠图。

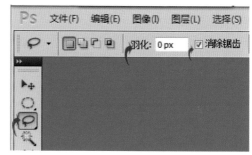

图 2(2)-3

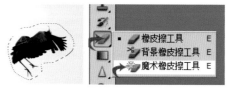

图 2(2)-4　　　　　图 2(2)-5

④单击"橡皮擦"工具组里的"魔术橡皮擦"，如图 2(2)-5 所示；在选项栏做如图 2(2)-6 所示的设置，在选区内部的背景处单击，去掉选区内的背景，如图 2(2)-7 所示。

图 2(2)-6

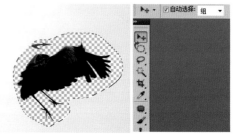

图 2(2)-7　　　　　图 2(2)-8

⑤单击"移动"工具，如图 2(2)-8 所示；将选区内的元素拖拽到图 2(2)-1 中，如图 2(2)-9 所示，成为图 2(2)-1 的图层 1。

图 2（2）-9

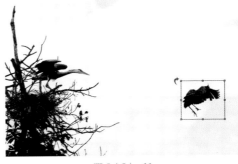

⑥执行 编辑——自由变换命令，如图 2（2）-10 所示，或按 Ctrl+T，在画面中调出变换框，按住 Shift 键同时将鼠标放到变换框的任一角，拖动鼠标向框内移动，对图层 1 进行缩小变换，如图 2（2）-11 所示；制造近大远小的透视效果，当图层 1 的大小适当时，鼠标在变换框内双击，完成变换。

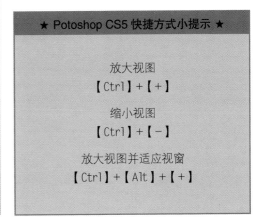

图 2（2）-11

⑦用同样方法将图 2（2）-2 的前景添加到图 2（2）-1 中，调整合适位置后，将图 2（2）-1 拼合图像并且另存。

⑧为图 2（2）-1 添加边框，并注释，完成修正，如图 2（2）-12 所示。

编辑(E)	图像(I)	图层(L)	选择(S)	滤镜

还原(O)	Ctrl+Z
前进一步(W)	Shift+Ctrl+Z
后退一步(K)	Alt+Ctrl+Z
渐隐(D)...	Shift+Ctrl+F
剪切(T)	Ctrl+X
拷贝(C)	Ctrl+C
合并拷贝(Y)	Shift+Ctrl+C
粘贴(P)	Ctrl+V
选择性粘贴(I)	▶
清除(E)	
拼写检查(H)...	
查找和替换文本(X)...	
填充(L)...	Shift+F5
描边(S)...	
内容识别比例	Alt+Shift+Ctrl+C
操控变形	
自由变换(F)	Ctrl+T
变换	▶

图 2（2）-10

★ Potoshop CS5 快捷方式小提示 ★

放大视图
【Ctrl】+【+】

缩小视图
【Ctrl】+【-】

放大视图并适应视窗
【Ctrl】+【Alt】+【+】

《 落荒而去 》 攝影　曉曉

图 2（2）-12

3.改变照片元素的位置和比例

①将要处理的照片拖入 Photoshop 操作页面，如图 3（3）-1 所示；执行 图像——复制命令，如图 3（3）-2 所示；在调出的对话框中单击确定，复制图像副本，将原图像关闭。

图 3（3）-1   图 3（3）-2

②这张照片的构图很不舒服，如果将主体（苍鹭）和陪体（枝干）的位置和比例进行一些调整，会赋予画面新的含义。

③创建图像副本的背景副本图层，使用"套索"工具，设置"羽化"为"0"，对苍鹭建立选区，如图 3（3）-3 所示；按 Shift+F5，选择（内容识别），对选区进行填充，效果如图 3（3）-4 所示；取消选择，对填充不理想的地方使用"仿制图章"，设置适当的"不透明度"进行修补。

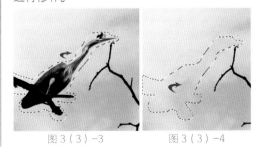

图 3（3）-3   图 3（3）-4

④同样方法将画面中的枝干去掉，只留下画面的环境元素，如图 3（3）-5 所示。

⑤在图层面板创建新的图层效果如图 3（3）-6 所示；打开历史记录面板，单击第一个套索纪录,如图 3（3）-7 所示;按 Ctrl+C 复制，单击新建图层纪录，如图 3（3）-8 所示；按 Ctrl+V 粘贴，画面效果如图 3（3）-9 所示；再单击第二个套索纪录，如图 3（3）-10 所示；按 Ctrl+C 复制，单击粘贴纪录，如图 3（3）-11 所示；按 Ctrl+V 粘贴，画面效果如图 3（3）-12 所示。

图 3（3）-5   图 3（3）-6

图 3（3）-7

图 3 (3) -8　　　　图 3 (3) -9

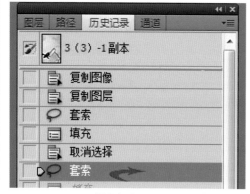

图 3 (3) -10

图 3 (3) -11　　　　图 3 (3) -12

⑥单击"移动"工具,在选项中勾选"自动选择",如图 3 (3) -13 所示;鼠标在画面中移动"苍鹭"和"枝干"图层,并用"魔术橡皮擦"工具去掉其背景,效果如图 3 (3) -14 所示。

图 3 (3) -13

图 3 (3) -14　　　　图 3 (3) -15

⑦使用"自由变换"工具对苍鹭进行缩小和旋转方向变换,如图 3 (3) -15 所示;双击确定,用同样方法放大并安排枝干的位置,如图 3 (3) -16 所示,双击确定。

⑧在素材库中找到"月亮"的素材,在 Photoshop 中打开,效果如图 3 (3) -17 所示;去掉背景,拖入照片中并对其缩小,沿着苍鹭的视线安排合适位置,效果如图 3(3)-18 所示。

⑨关闭素材(不改变保存),拼合图像,为照片添加边框和注释,最终效果如图 3 (3) -19 所示。

图 3（3）-16

图 3（3）-17

图 3（3）-18

《问 天》　　　　　攝影　曉曉

图 3（3）-19

二、改变照片景深

　　所谓景深，就是当焦距对准某一点时，其前后可清晰的范围。小景深就是将前景或者背景拍得模糊从而突出拍摄对象，大景深就是将主体和环境都拍摄得清晰。

　　我们在拍摄过程中，由于种种原因将原本要拍摄清晰的主体拍得模糊，或者原本要模糊的环境不能虚化，Photoshop 软件可以对程度较低的模糊进行清晰处理，也可以对清晰的部分进行各种形态的模糊，不仅突出主体，而且能够产生不同的视觉效果。

1. 增加主体的清晰度

　　①为了便于对比，选择一张模糊比较严重的照片拖入 Photoshop 操作页面，如图 1(1)-1所示，创建背景副本。

图 1(1)-1

　　②执行 滤镜——其它——高反差保留命令，如图 1(1)-2 所示；在调出的对话框中设置"半径"为"5.0"，如图1(1)-3所示（这个数值应参考画面的模糊程度，如果轻度模糊

的画面设置"1.0——2.0"即可），单击确定。此时画面和图层面板如图1(1)-4所示。

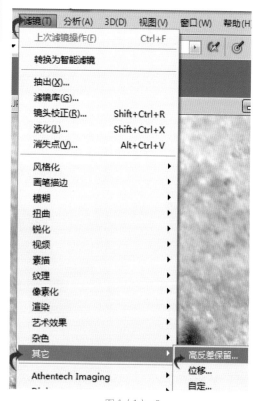

图 1(1)-2

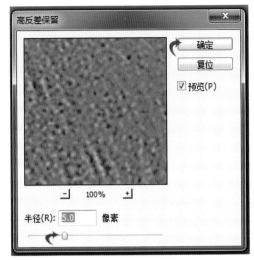

图 1（1）-3

图 1（1）-4　　　　　图 1（1）-5

图 1（1）-6

③将图层的混合模式设置为"叠加"，如图 1（1）-5 所示。

④画面模糊有所改善，在图层面板中，将"背景副本"图层拖拽到"创建新图层"按钮，创建"背景副本 2"图层，此操作相当于重复一次"高反差保留"，如图 1（1）-6 所示。

⑤参考画面效果，继续重复"高反差保留"，如图 1（1）-7 所示。

图 1（1）-7

⑥在图层面板中单击"创建新的调整图层",分别进行"亮度/对比度"和"色相/饱和度"调整,如图1(1)-8所示;调整效果如图1(1)-9所示。

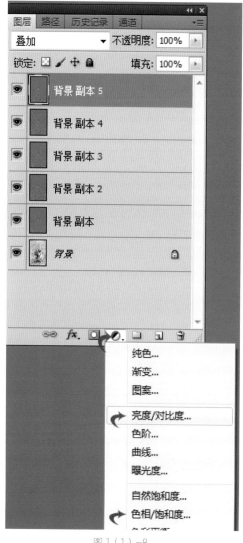

图1(1)-8

图1(1)-9

图1(1)-10

⑦执行 图层——拼合图像，另存图像，最终效果如图1（1）-10所示。

⑧打开另一张模糊程度相对轻的照片，如图1（2）-1所示，创建背景副本。

图1（2）-1

⑨同样方法进行"高反差保留"（设置"高反差保留"的"半径"为"4.0"，图层混合模式为"柔光"），如图1（2）-2所示。

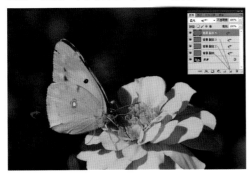

图1（2）-2

⑩在图层面板中单击"创建新图层"按钮，创建图层 1，同时按下 Shift+Ctrl+Alt+E 键，将图层1变为"盖印图层"，如图1（2）-3所示。

⑪执行 图像——调整——去色命令，如图1（2）-4所示；将图层1变为"黑白"图像，如图1（2）-5所示。

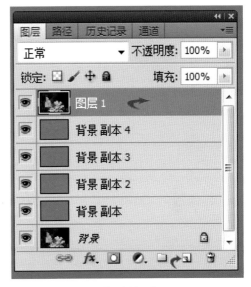

图1（2）-3

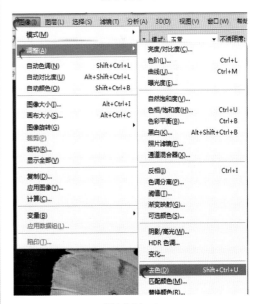

图1（2）-4

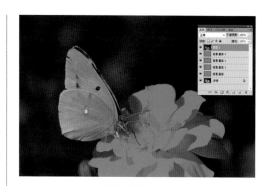

图1（2）-5

⑫ 将图层 1 的混合模式设置为 " 叠加 "，
如图 1（2）-6 所示。

⑬ 执行 图层——拼合图像，另存图像，
完成处理，最终效果如图1（2）-7 所示。

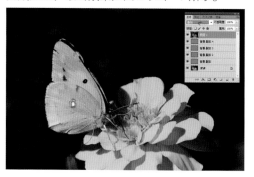

图1（2）-6

图1（2）-7

2. 减少环境的清晰度

(1) 普通柔焦

①将要处理的照片拖入 Photoshop 操作页面，如图2（1）-1所示，创建背景副本。

图2（1）-1

②执行 滤镜——模糊——高斯模糊命令，如图2(1)-2所示；在调出的对话框中设置"半径"为"20像素"，如图2(1)-3所示，单击确定。

图2（1）-2

图2（1）-3

③在图层面板中单击" 添加图层蒙版 "，如图2(1)-4所示；选择"画笔"工具，设置"前景色 "为" 黑色 "，适当的画笔大小，10% 以下的不透明度，在画面中沿着流水的边缘将不需要柔化的部分擦出，如图2（1）-5所示。

图2（1）-4

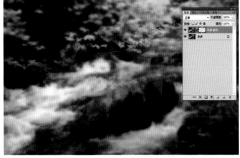

图2（1）-5

④逐渐增加画笔的不透明度，反复擦出远离流水的部分，如图2（1）-6所示。

图2（1）-6

⑤执行 图层——拼合图像，另存图像，最终效果如图2（1）-7所示。

(2) 形状模糊

①将要处理的照片拖入 Photoshop 操作页面，如图2（2）-1所示，创建背景副本。

图2（2）-1

图2（1）-7

②使用"套索"工具，设置"羽化"为"100"（参考照片像素而定），勾画"主体"轮廓做选区，执行 选择——反向，将环境变为选区，如图2（2）-2所示。

图2（2）-2

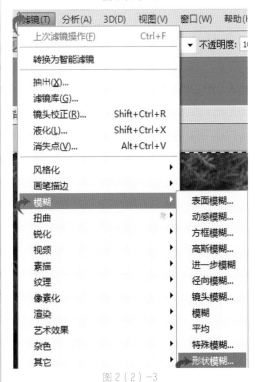

图2（2）-3

③执行 滤镜——模糊——形状模糊命令，如图2（2）-3所示；在调出的对话框中设置"圆形"形状，"半径"为"100"像素，如图2（2）-4所示，单击确定。

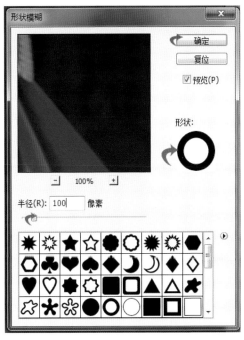

图2（2）-4

④取消选择，拼合图像，另存图像，最终效果如图2（2）-5所示。

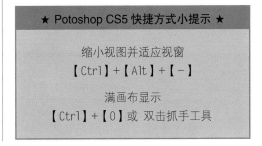

★ Potoshop CS5 快捷方式小提示 ★

缩小视图并适应视窗
【Ctrl】+【Alt】+【-】

满画布显示
【Ctrl】+【0】或 双击抓手工具

图 2（2）-5

(3) 径向模糊

①将要处理的照片拖入 Photoshop 操作页面，如图 2（3）-1 所示，创建背景副本。

图 2（3）-1

②使用"套索"工具，设置"羽化"为"100"，勾画主体轮廓做选区，执行 选择——反向命令，使环境成为选区，如图 2（3）-2 所示。

图 2（3）-2

③执行 滤镜——模糊——径向模糊命令，如图 2（3）-3 所示；在调出的对话框中设置"数量"为"8"，"模糊方法"为"缩放"，如图 2（3）-4 所示，单击确定。

④执行 选择——取消选择命令，拼合图像，另存图像，最终效果如图 2（3）-5 所示。

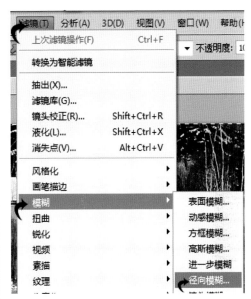

图 2（3）-3

图 2（3）-4

107

图 2（3）—5

三、照片的特殊色彩

1. 唯一色彩

(1) 精确界分的唯一色彩

①将要处理的图片拖入 Photoshop 操作页面，如图1(1)-1所示，创建背景副本。

②执行 滤镜——抽出命令，如图1(1)-2所示；在调出的对话框中单击左侧的放大工具，将图像放大，再使用画笔工具，设置适当的大小，沿着要保留色彩部分的边缘勾画，使画笔盖住边缘线，

画错的地方可使用橡皮擦修改，可随时使用抓手工具移动画面在抽出窗口的位置以便画出完整的闭合范围，如图1(1)-3所示；使用油漆桶工具对勾画出的部分进行填色，如图1(1)-4所示；单击确定（这里所说的放大、画笔、橡皮擦、抓手、油漆桶都是抽出对话框内左侧的工具）。

图1(1)-1

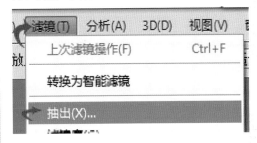

图1(1)-2

图1(1)-3

图1(1)-4

③此时图层面板如图1(1)-5所示，按Ctrl键鼠标单击背景副本图层的图像将其转换为选区，如图1(1)-6所示；执行选择——反向命令，将要去色的部分变为选区，如图1(1)-7所示。

图1(1)-5

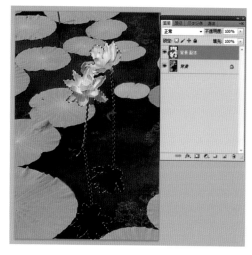

图1(1)-6

图1(1)-7   图1(1)-8

④在图层面板中单击"创建新的调整图层"按钮，选择"通道混合器"，如图1(1)-8所示；在调出的对话框中勾选"单色"，如图1(1)-9所示；也可根据个人的审美设置图层的不透明度，如图1(1)-10所示。

⑤拼合图像，另存图像，最终效果如图1(1)-11所示。

图1(1)-9

110

图1（1）-10

图1（1）-11

（2）羽化界分的唯一色彩

①将要处理的照片的照片拖入 Photoshop 操作页面，如图1（2）-1所示，创建背景副本。

图1（2）-1

②使用"套索"工具，设置"羽化"为"250"，沿着要保留色彩的部分做大致的选区，如图1（2）-2所示，执行 选择——反向命令，如图1（2）-3所示。

图1（2）-2

图1（2）-3

111

③执行 图像——调整——通道混合器命令，如图1（2）-4所示；在调出的对话框中勾选"单色"，如图1（2）-5所示，单击确定。

④Ctrl+D取消选择，拼合图像，另存图像，最终效果如图1（2）-6所示。

图1（2）-4

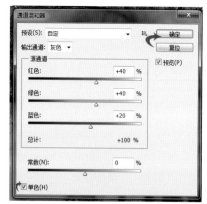

图1（2）-5

图1（2）-6

2. 正片负冲(老照片加色)

①将翻拍的老照片拖入 Photoshop 操作页面，如图2（1）-1所示，创建背景副本。

图2（1）-1

②对老照片进行高反差保留，如图 2（1）-2所示。

图2（1）-2

③创建新图层1，按 Shift+Ctrl+Alt+E 为图层1盖印，如图2（1）-3所示。

④执行 滤镜——模糊——表面模糊命令，如图2（1）-4所示；在调出的对话框中参考"预览"设置"半径"为"10"像素，"阈值"为"30"色阶，如图 2（1）-5所示，单击确定；照片效果如图2（1）-6所示。

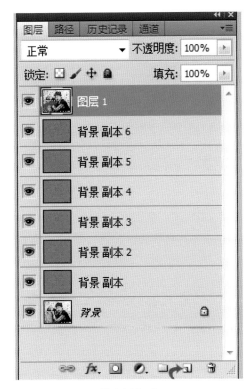

图 2（1）-3

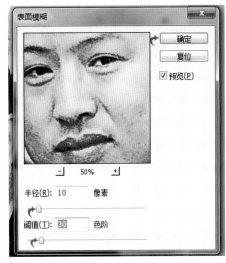

图 2（1）-5

图 2（1）-6

⑤打开通道面板，单击蓝通道，点开其他通道的"眼睛"图标选择可见性，如图2（1）-7所示；执行 图像——应用图像命令，如图2（1）-8所示；在调出的对话框中勾选"反相"，混合模式为"正片叠底"，不透明度为"50%"，单击确定，如图2（1）-9所示。

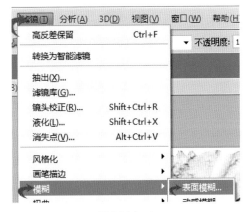

图 2（1）-4

图2（1）-7

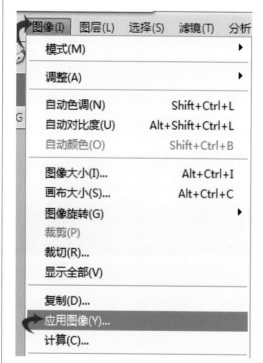

图2（1）-8

图2（1）-9

⑥单击绿通道，执行 图像——应用图像命令，在调出的对话框中勾选" 反相 "，混合模式为" 正片叠底 "，不透明度为"20%"，单击确定，如图2（1）-10所示。

图2（1）-10

⑦单击红通道，执行 图像——应用图像命令，在调出的对话框中 " 设置混合模式为" 线性加深 "，单击确定，如图2（1）-11所示。

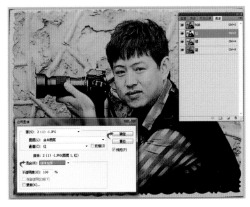

图 2（1）-11

⑧单击蓝通道，Ctrl+L 调出色阶对话框，设置"黑色输入值"为"30"，"中间灰输入值"为"1.0"，"白色输入值"为"150"，如图 2（1）-12 所示，单击确定。

图 2（1）-12

⑨单击绿通道，Ctrl+L 调出色阶对话框，设置"黑色输入值"为"30"，"中间灰输入值"为"1.3"，"白色输入值"为"230"，如图 2（1）-13 所示，单击确定。

图 2（1）-13

⑩单击红通道，Ctrl+L 调出色阶对话框，设置"黑色输入值"为"40"，"中间灰输入值"为"1.2"，"白色输入值"为"255"，如图 2（1）-14 所示，单击确定。

图 2（1）-14

⑪单击复合通道（RGB），Ctrl+L 调出色阶对话框，设置"黑色输入值"为"13"，"中间灰输入值"为"1.0"，"白色输入值"为"232"，如图 2（1）-15 所示，单击确定。

图 2（1）-15

⑫ Ctrl+U 调出色相／饱和度对话框，设置饱和度增加"10"，如图 2（1）-16 所示，单击确定。

图 2（1）-16

⑬ Ctrl+M 调出曲线对话框，拖动曲线如图 2（1）-17 所示，单击确定。

⑭ 拼合图像，另存图像，处理效果如图 2（1）-18 所示。

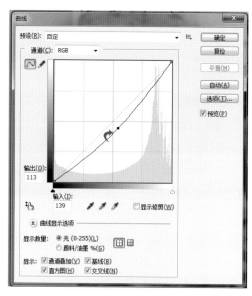

图 2（1）-17

图 2（1）-18

★ Potoshop CS5 快捷方式小提示 ★

实际象素显示
【Ctrl】+【Alt】+【0】
或 双击缩放工具

Chapter three
照片的创意修正

第三章

Photoshop 是一个平面的二维的图像合成软件，不仅可以对数码照片进行修正，还为我们发挥和实践想象力提供了一个无限广阔的空间。

Photoshop——工作界面

标题栏：位于主窗口顶端，最左边是 Photoshop 标记，右边分别是最小化、最大化 / 还原和关闭按钮。

属性栏（又称工具选项栏）：选中某个工具后，属性栏就会改变成相应工具的属性设置选项，可更改相应的选项。

菜单栏：菜单栏为整个环境下所有窗口提供菜单控制，包括：文件、编辑、图像、图层、选择、滤镜、视图、窗口和帮助九项。

图像编辑窗口：中间窗口是图像窗口，它是 Photoshop 的主要工作区，用于显示图像文件。图像窗口带有自己的标题栏，提供了打开文件的基本信息，如文件名、缩放比例、颜色模式等。

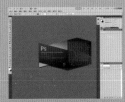

Photoshop CS5 界面

工具箱：工具箱中的工具可用来选择、绘画、编辑以及查看图像。

控制面板：共有 14 个面板，可通过"窗口 / 显示"来显示面板。

1. 两张照片的综合利用

①将要处理的照片拖入 Photoshop 操作页面，如图 1-1、1-2 所示。分析画面：照片 1-1 的画面主体是抓取活泼可爱的儿童在海边戏水的精彩瞬间，但是环境不理想，因拍摄时为了保证主体的曝光正确而舍弃了天空部分。照片 1-2 的画面中，船和落日都表现得很准确，前景有些杂乱。可以将照片 1-1 的主体和照片 1-2 的船和落日组合，共同营造一个夕阳下的温馨场景。

②对照片 1-1 创建背景副本，执行 图像——调整——匹配颜色命令，如图 1-3 所示；在调出的对话框中设置匹配" 源 "为图像 "1-2"，如图 1-4 所示，单击确定。匹配后的图像 1-1 如图 1-5 所示。

③使用裁切工具，设置裁切选项，勾选" 清除 "，设置" 宽度 "数值与图像 1-2 宽度相符，" 高度 "不限制，" 分辨率 "与 1-2 相符，如图 1-6 所示；对图像 1-1 进行裁剪构图，如图 1-7 所示，执行裁切。

④使用" 移动 "工具，按住鼠标左键，将画面 1-1 拖拽到图像 1-2 当中，如图 1-8 所示，使其成为图像 1-2 的背景副本，如图 1-9 所示。

图 1-2

图 1-1

图 1-3

118

图 1-4

图 1-5

图 1-7

图 1-8

图 1-9

图 1-6

图 1-10

⑤Ctrl+T 对背景副本进行 " 自由变换 "，调整到适当的大小，单击确定，使用 " 橡皮擦 " 工具，在画笔预设里选择柔边圆，不透明度为 20%，如图 1-10 所示；在画面副本上反复逐渐地擦出背景，使背景和副本自然过渡，如图 1-11 所示。

图 1-11

⑥在图层面板中创建一个盖印图层 1，如图 1-12 所示。Ctrl+M 对图层 1 进行曲线调整，如图 1-13 所示。

⑦拼合图像，另存图像，最终效果如图 1-14 所示。

图 1-12

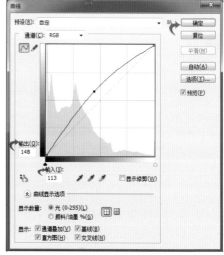

图 1-13

图 1-14

2. 给黑白纪念照加色

我们在整理老照片时，会找到许多年代久远的黑白纪念照，在勾起甜蜜回忆的同时，也会为当年科技的落后而遗憾。如果给这样的照片添加上颜色，那么回忆就不再苍白，也能让子孙后代一睹自己年轻时的风采。

①将要处理的照片拖入 Photoshop 操作页面，如图 2-1 所示。将照片 2-1 复制，如图 2-2 所示。关闭原图，对副本进行处理。

②将副本的模式改为 RGB 模式，如图 2-3 所示。

图 2-1   图 2-2

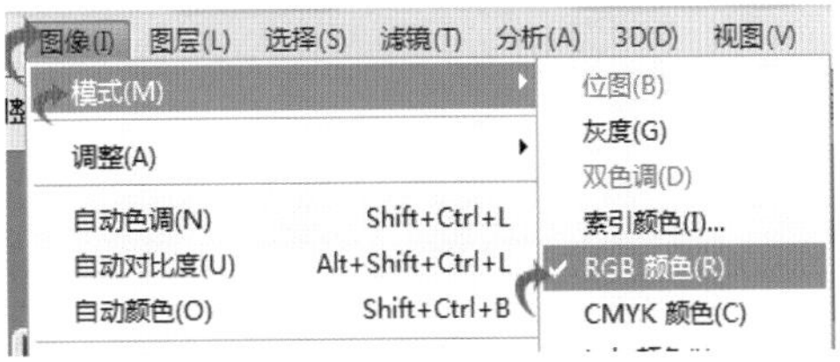

图 2-3

③在图层面板上单击创建新的图层 1，鼠标双击文字"图层 1"，输入文字"皮肤"，将图层 1 的名称改为"皮肤"，如图 2-4 所示。

图 2-4

④鼠标单击工具栏的前景色，在调出的拾色器窗口输入皮肤的数值：H-26 度（色相）、S

121

−30 %（色彩饱和度）、B-99%（亮度）。或者 R-253（红色）、G-209（绿色）、B-176（蓝色）。或者 L-87、a-13、b-23。或者 C-0 %（青色）、M-20 %（品红）、Y-30 %（黄色）、K-0%（黑色）。输入这四组数据的任何一组都会配出接近皮肤的颜色，如图 2-5 所示是输入 RGB 的数值，单击确定。也可以在调出的拾色器窗口用鼠标直接选取自己满意的颜色，如图 2-6 所示，单击确定。

图 2-5

图 2-6

⑤使用画笔工具，设置画笔选项的模式为正常，不透明度为 100%，在放大的面部进行涂抹，结合橡皮擦工具对涂抹不理想的部分进行修改，如图 2-7 所示。

⑥设置皮肤图层的混合模式为"颜色"，不透明度为"90%"，如图 2-8 所示。使用橡皮擦工具擦出眼睛和眼眉部分，如图 2-9 所示。

图 2-7　　　　　　　　图 2-9

图 2-8

⑦创建"嘴唇"图层，如图 2-10 所示；单击前景色，选择适当的颜色，如图 2-11 所示，单击确定，使用画笔工具涂抹嘴唇，设置嘴唇图层的混合模式为"柔光"，不透明度为"80%"，如图 2-12 所示。

⑧创建"腮红"图层，使用画笔工具，可选择与"嘴唇"相同的颜色，在面部需要红润的部分大致涂抹，如图 2-13 所示；执行 滤镜——模糊——高斯模糊命令，如图 2-14 所示；在调出的对话框中设置"半径"为"80"像素，单击确定，如图 2-15 所示。

图 2-10

图 2-11

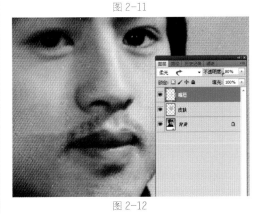

图 2-12

图 2-13

图 2-14

图 2-15

⑨同样方法为帽子添加颜色，"帽子"图层的混合模式为"色相"。如图 2-16 所示。

图 2-16

⑩同样方法为衣服添加颜色，如图 2-17 所示。

图 2-17

⑪创建新图层 1，按 Shift+Ctrl+Alt+E 为图层 1 盖印，如图 2-18 所示，执行 滤镜——其它——高反差保留命令，如图 2-19 所示，在调出的对话框中设置"半径"为"2.9"像素，单击确定，如图 2-20 所示，图层混合模式为"叠加"，如图 2-21 所示。

⑫创建新的盖印图层 2，执行 滤镜——模糊——表面模糊命令，如图 2-22 所示，在调出的对话框中设置"半径"为"8"像素，"阈值"为"15"色阶，如图 2-23 所示，单击确定。

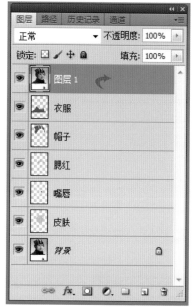

图 2-18

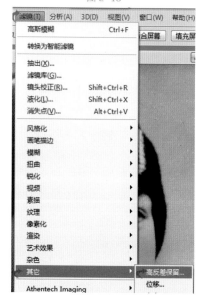

图 2-19

图 2-20

图 2-21

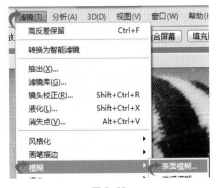

图 2-22

图 2-23

⑬调出曲线调整对话框，进行提亮处理，如图 2-24 所示。

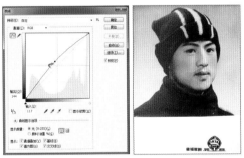

图 2-24　　　　　　图 2-1 副本

⑭执行 图层——拼合图像，另存图像，如图 2-1 副本所示。

⑮将照片 2-1 拖入 Photoshop 操作页面，在图层面板中创建背景副本，在画面中使用矩形工具建立选区，用红色进行填充，如图 2-25 所示；在图层面板中单击" 添加图层样式"，选择" 描边"，在调出的对话框中设置填充颜色为" 白色"，大小为"30"像素，位置为" 内

125

部"，单击确定，如图 2-26 所示，取消选择，拼合图像。

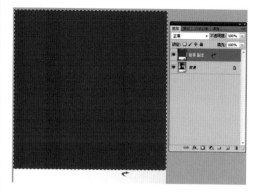

图 2-25

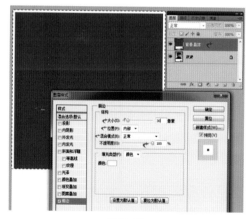

图 2-26

⑯ 将 2-1 副本拖入 Photoshop 操作页面，执行 滤镜——抽出命令，如图 2-27 所示；抽出人像，如图 2-28 所示。

⑰ 使用移动工具将抽出的图像拖入照片2-1 中，使用自由变换工具调整大小，拼合图像，另存图像，最终效果如图 2-29 所示。

图 2-27

图 2-28

图 2-29

3. 为照片增加油画效果

①将要处理的照片拖入 Photoshop 操作页面，如图 3-1 所示，创建背景副本。

②使用"减淡"工具组里的"海绵"工具，如图 3-2 所示，设置工具选项的"模式"为"饱和"，"流量"为"28"，在画面中颜色不饱和的区域涂抹，给画面增加油画色彩，如图 3-3 所示。

图 3-1

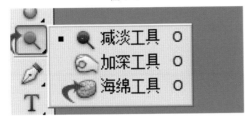

图 3-2

图 3-3

笔类型"为"简单"，如图 3-7 所示，单击确定。

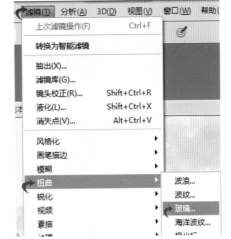

图 3-4

图 3-5

图 3-7

③执行 滤镜——扭曲——玻璃命令，如图 3-4 所示；在调出的对话框中设置"扭曲度"为"5"，"平滑度"为"5"，"纹理"选择"画布"，如图 3-5 所示，单击确定。

④执行 滤镜——艺术效果——绘画涂抹命令，如图 3-6 所示；在调出的对话框中设置"画笔大小"为"10"，"锐化程度"为"30"，"画

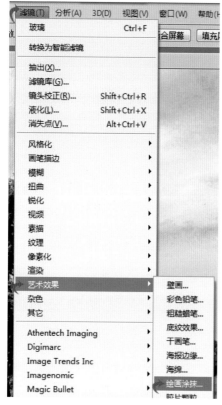

图 3-6

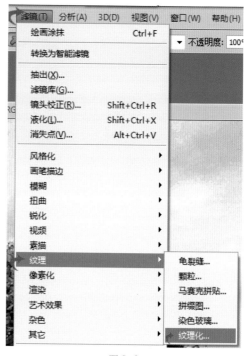

图 3-8

⑤执行 滤镜——纹理——纹理化命令，如图 3-8 所示；在调出的对话框中设置"纹理"为"粗麻布"，"缩放"为"120%"，"凸现"为"10"，"光照"为"上"，如图 3-9 所示，单击确定。

⑥创建背景副本 2，执行 滤镜——风格化——浮雕效果命令，如图 3-10 所示；在调出的对话框中设置"角度"为"135"度，"高度"为"30"像素，"数量"为"100%"，如图 3-11 所示，单击确定；设置背景副本 2 的图层混合模式为"叠加"。

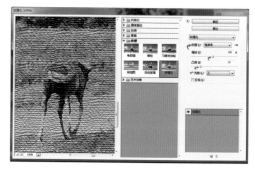

图 3-9

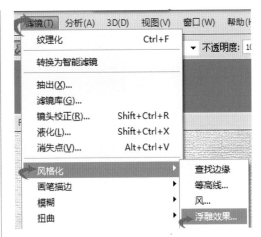

图 3-10

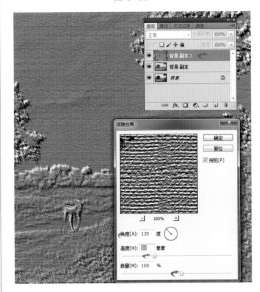

图 3-11

⑦单击"创建新的调整图层",选择"亮度/对比度","亮度"减少"20","对比度"增加"50",如图 3-12 所示。

图 3-12

⑧拼合图像,另存图像,最终效果如图 3-13 所示。

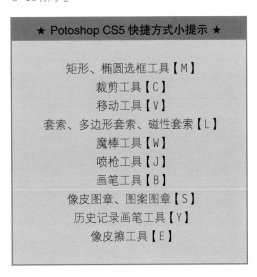

★ Potoshop CS5 快捷方式小提示 ★

矩形、椭圆选框工具【M】
裁剪工具【C】
移动工具【V】
套索、多边形套索、磁性套索【L】
魔棒工具【W】
喷枪工具【J】
画笔工具【B】
像皮图章、图案图章【S】
历史记录画笔工具【Y】
像皮擦工具【E】

图 3-13

4. 为照片添加薄雾的效果

云雾作为元素出现在画面中，不仅可以给照片增加神秘朦胧的感觉，同时还可以减弱甚至掩盖许多陪体或环境的表现，使照片语言更简洁精练。

①将要处理的照片拖入 Photoshop 操作页面，如图 4-1 所示。

分析画面："魔界"冬日的清晨在特殊天气下经常是雾气笼罩，如梦如幻，但是雾是随风而动、时聚时散的，画面中的雾没有完全遮盖河对岸的建筑及横跨河上的电线，感觉有些杂乱，所以要添加一些薄雾来弥补。

图 4-1

②创建新图层 1，在工具栏设置前景色为黑色，背景色为白色，执行 滤镜——渲染——云彩命令，如图 4-2 所示，效果如图 4-3 所示；将图层 1 的混合模式设置为"滤色"，如图 4-4 所示。

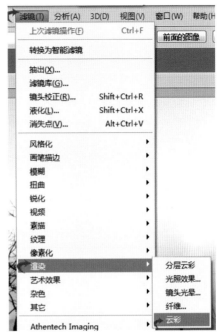

图 4-2

图 4-3

图 4-4

③Ctrl+M 调整曲线，如图 4-5 所示。

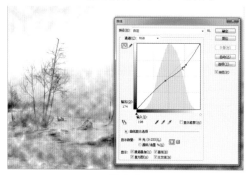

图 4-5

④Ctrl+T 自由变换，配合移动工具将雾的形状放大数倍，并将遮盖力强的雾放在画面需要隐藏的部分，双击确定，如图 4-6 所示。

图 4-6

图 4-7

⑤使用橡皮擦工具，擦出不需要遮挡的部分，并逐渐减少橡皮擦的不透明度，使画面清晰的部分和模糊的部分过度自然，如图 4-7 所示。

⑥创建图层 1 的副本，增加遮挡力度，并再次使用橡皮擦工具进行精细修整，如图 4-8 所示。

图 4-8

⑦创建盖印图层 2，使用"套索"工具，设置套索选项的"羽化"为"200"，在画面中天空部分建立选区，并使用曲线进行压暗处理，如图 4-9 所示，单击确定，取消选择。

⑧拼合图像，另存图像，最终效果如图 4-10 所示。

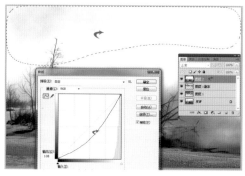

图 4-9

图 4-10

5. 为照片添加雨中效果

雨中的景色给人以清新湿润的感觉，适合添加到花卉等植物照片或者云层丰富的风光照片中。

①将要处理的照片拖入 Photoshop 操作页面，如图 5-1 所示。

分析画面：照片中主体处于散射光下，没有浓重的投影，增加雨丝比较自然。

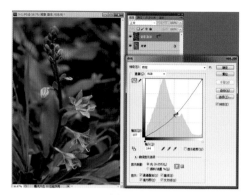

图 5-2

图 5-3

图 5-1

②创建背景副本，使用曲线命令压暗画面，如图 5-2 所示。

③创建新图层 1，在工具栏设置前景色为白色，Alt+Delete 对图层 1 进行填充，如图 5-3 所示。

④执行 滤镜——像素化——点状化命令，如图 5-4 所示；在调出的对话框中设置"单元格大小"为"13"如图 5-5 所示，单击确定；画面效果如图 5-6 所示。

⑤执行 图像——调整——阈值命令，如图 5-7 所示；在调出的对话框中设置"阈值色阶"为"125"，如图 5-8 所示，单击确定；效果如图 5-9 所示。

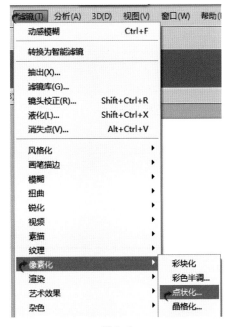

图 5-4

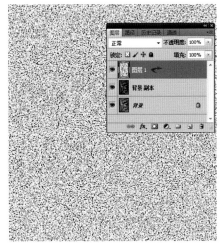

图 5-6

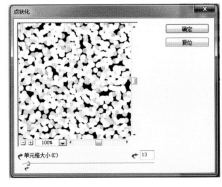

图 5-5

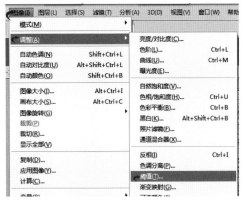

图 5-7

★ Potoshop CS5 快捷方式小提示 ★

减淡、加深、海棉工具【O】

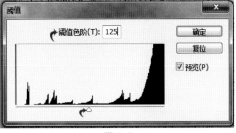

图 5-8

135

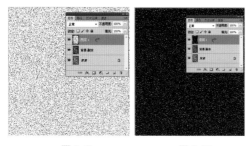

图 5-9　　　　　　　　图 5-11

⑥执行 图像——调整——反相命令，如图 5-10 所示，画面效果如图 5-11 所示。

图 5-10

⑦执行 滤镜——模糊——动感模糊命令，如图 5-12 所示；在调出的对话框中设置"角度"为"60"度，"距离"为"160"像素，如图 5-13 所示，单击确定；画面效果如图 5-14 所示。

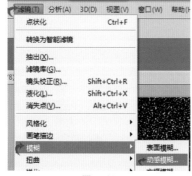

图 5-12

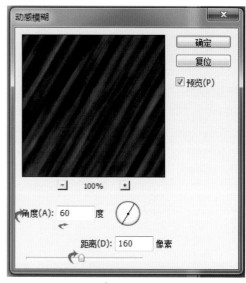

图 5-13

图 5-14

⑧设置图层 1 的混合模式为"滤色"，如图 5-15 所示。

图 5-15

⑨Ctrl+T 自由变换，上下拉长雨丝，双击确定。Ctrl+L 调出色阶对话框，拖动黑、白、灰三个拉钮，调整雨丝亮度，如图 5-16 所示。

图 5-16

⑩拼合图像，另存图像，最终效果如图 5-17 所示。

图 5-17

6. 为照片添加彩虹效果

彩虹是一种不常出现的天象，正因为少见，所以才觉得更美。这种可遇而不可求的景色通过 Photoshop 却可以轻松完成。

①将要处理的照片拖入 Photoshop 操作页面，如图 6-1 所示。

②创建新图层 1，单击工具栏的"渐变"工具，如图 6-2 所示；在选项栏中编辑渐变为

图 6-3

"色谱",选择"径向"渐变,如图 6-3 所示;单击渐变色块,在调出的"渐变编辑器"对话框中将渐变条的色标改变位置,并在两端添加黑色色标,如图 6-4 所示,单击确定。

图 6-1

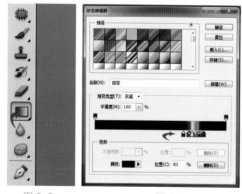

图 6-2　　　　　图 6-4

③鼠标在画面中自下向上拖动,画出彩虹,如图 6-5 所示。

④设置图层 1 的混合模式为"滤色",如图 6-6 所示。

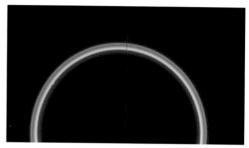

图 6-5

图 6-6

⑤执行 滤镜——模糊——高斯模糊命令,如图 6-7 所示,在调出的对话框中设置"半径"为"30"像素,如图 6-8 所示。

⑥使用移动工具将彩虹放至适当位置,并设置图层 1 的不透明度为 80%,如图 6-9 所示。

⑦使用橡皮擦工具,设置适当的画笔大小及不透明度,擦掉多余的彩虹,如图 6-10 所示。

⑧创建新的盖印图层 2,使用曲线命令对图像进行压暗处理,如图 6-11 所示。

⑨拼合图像,另存图像,最终效果如图 6-12 所示。

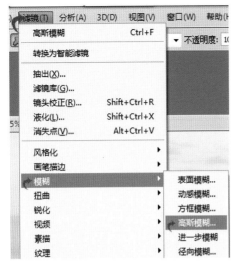

图 6-7

图 6-10

图 6-8

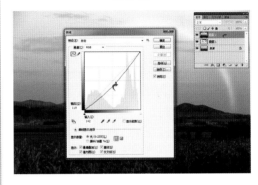

图 6-11

图 6-9

图 6-12

139

7. 为照片添加飘雪的效果

冬日的大地银装素裹、清冷宁静，如果再加上飘然而落的雪花，有如无数的精灵在空中飞舞，使人仿佛听到他们轻声的嬉笑，给清冷添加了热情、给宁静注入了活跃。

①将要处理的照片拖入 Photoshop 操作页面，如图 7-1 所示。

图 7-1

②创建新图层 1，在工具栏设置前景色为黑色，对图层 1 进行填充，如图 7-2 所示。

图 7-2

③执行 滤镜——杂色——添加杂色命令，如图 7-3 所示; 在调出的对话框中设置"数量"为"50%"，"分布"为"高斯分布"，勾选"单色"，如图 7-4 所示，单击确定。

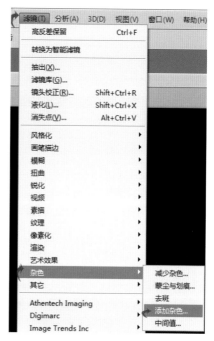

图 7-3

图 7-4

140

④执行 滤镜——模糊——高斯模糊命令，如图7-5所示；在调出的对话框中设置"半径"为"2.5"像素，如图7-6所示，单击确定。

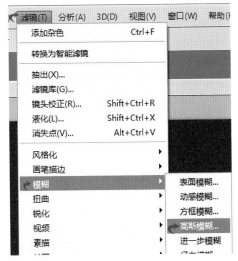

图 7-5

图 7-6

⑤执行 图像——调整——阈值命令，如图7-7所示；在调出的对话框中设置"阈值色阶"为"65"，如图7-8所示，单击确定。

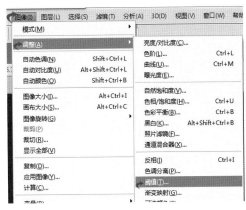

图 7-7

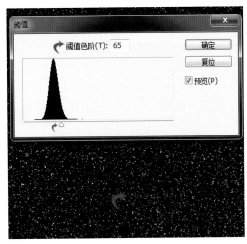

图 7-8

⑥执行 滤镜——模糊——动感模糊命令，如图7-9所示，在调出的对话框中设置"角度"为"60"度，"距离"为"10"像素，如图7-10所示，单击确定。

141

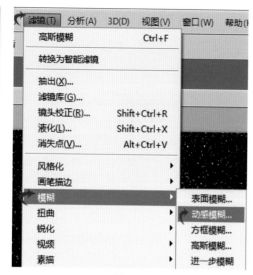

图 7-9

图 7-10

⑦将图层 1 的混合模式变为"滤色",如图 7-11 所示。

图 7-11

⑧创建图层 1 的副本,如图 7-12 所示,Ctrl+T 自由变换,将雪花放大数倍,如图 7-13 所示。

图 7-12

图 7-13

⑨使用橡皮擦工具，设置适当的不透明度，擦掉过多的雪花，拼合图像，另存图像，最终效果如图 7-14 所示。

图 7-14

8. 为照片增加国画效果

①将要处理的照片拖入 Photoshop 操作页面，如图 8-1 所示，创建背景副本。

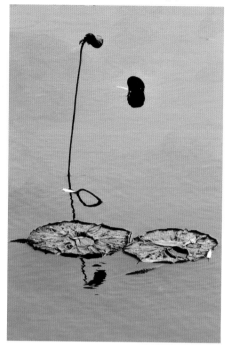

图 8-1

②执行 滤镜——模糊——特殊模糊命令，如图 8-2 所示；在调出的对话框中设置"半径"为"5"，"阈值"为"70"，"品质"为"高"，"模式"为"正常"，如图 8-3 所示。

③设置背景副本图层的混合模式为"滤色"，如图 8-4 所示。

④创建背景副本 2 图层，执行 滤镜——模糊——表面模糊命令，如图 8-5 所示；在调出的对话框中设置"半径"为"50"像素，"阈值"为"80"色阶，如图 8-6 所示。

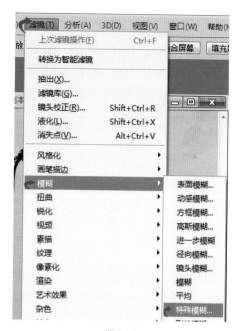

图 8-2

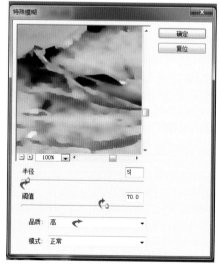

图 8-3

144

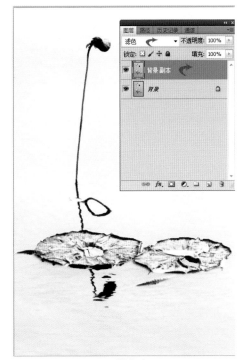

图 8-4

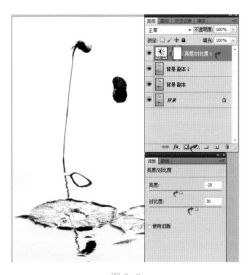

图 8-6

⑤在图层面板中单击"创建新的调整图层"按钮,选择"亮度/对比度"调整,"亮度"减少"20","对比度"增加"30",如图8-7所示。

图 8-5

图 8-7

⑥创建新的盖印图层 1，执行 滤镜——模糊——镜头模糊命令，如图 8-8 所示；在调出的对话框中设置"预览"为"更快"，"形状"为"三角形"，"半径"为"4"，"叶片弯度"为"21"，"旋转"为"50"，"阈值"为"9"，"杂色"为"15"，"分布"为"平均"，勾选"单色"，如图 8-9 所示，单击确定。

⑦Ctrl+U 调出"色相/饱和度"调整，饱和度减少"40"，单击确定，如图 8-10 所示。

图 8-8

图 8-10

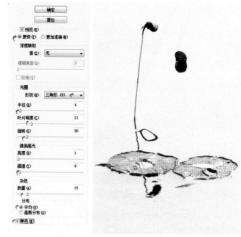

图 8-9　　　　　　　图 8-11

⑧拼合图像，另存图像，最终效果如图 8-11 所示。

⑨按 Ctrl+N 键新建文件，在调出的新建对话框中设置名称为《国画模板》，宽度为"2 848"像素，高度为"4 288"像素，分辨率为"300"，颜色模式为"RGB 颜色"，背景内容为"白色"，如图 8-12 所示，单击确定。

图 8-12

⑩创建新图层 1，设置前景色为"深灰色"，按 Alt+Delete 键填充，如图 8-13 所示。

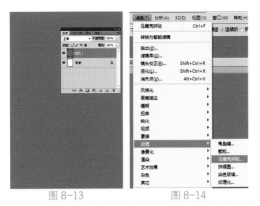

图 8-13   图 8-14

⑪ 执行 滤镜——纹理——马赛克拼贴命令，如图 8-14 所示；在调出的对话框中设置拼贴大小为"40"，缝隙宽度为"10"，加亮缝隙为"10"，如图 8-15 所示，单击确定；执行滤镜——杂色——添加杂色命令，如图 8-16 所示；在调出的对话框中设置数量为"60"，勾选"高斯分布"、"单色"，如图 8-17 所示，单击确定；画面效果如图 8-18 所示。

过小，可执行 选择——修改——收缩或者扩展命令，如图 8-21 所示，改变选区大小。

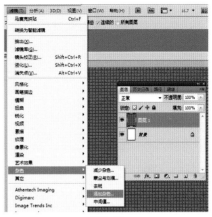

图 8-16

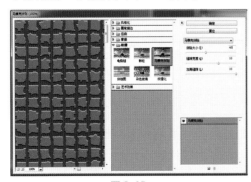

图 8-15

⑫ 参照第一章——照片构图修正——改变画幅裁剪——特殊形状裁剪的方法，使用工具栏的钢笔工具做路径，为了便于观察操作，可将图层1的可视性关闭，但是仍然在图层1操作，如图 8-20 所示，如果选区做得过大或者

图 8-17   图 8-18

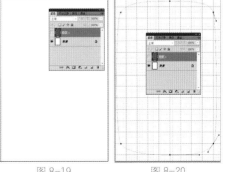

图 8-19   图 8-20

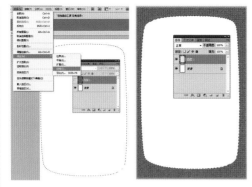

图 8-21   图 8-22

图 8-24

⑬打开图层 1 的可视性，按 Delete 键清除选区的内容，如图 8-22 所示；鼠标双击图层 1，在调出的"图层样式"对话框中选择"描边"，设置大小为"20"像素，位置为"外部"，颜色为"黑色"，如图 8-23 所示，单击确定，效果如图8-24所示。此时可另存图像作为模板。

图 8-23

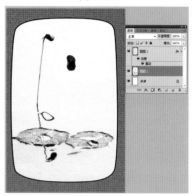

图 8-25

⑭使用工具栏的移动工具将图 8-11 拖拽到图 8-24 当中，成为图层 2，将图层 2 拖拽到背景图层和图层 1 之间，按 Ctrl+T 键自由变换，调整图层 2 的大小，如图 8-25 所示。

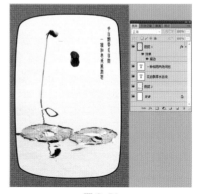

图 8-26

⑯使用工具栏的直排文字工具，在选项栏设置合适的大小和颜色，在图层 2 上添加喜欢的诗句，如图 8-26 所示。

⑰打开一张制作好的印章模板，拖拽到画面中，执行 图层——拼合图像命令，另存图像，效果如图 8-27 所示。

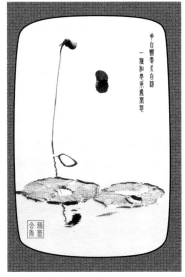

图 8-27

9. 为照片添加怀旧的效果

当我们面对一张褪色、泛黄的老照片时，很容易触动对往昔留恋的伤感情怀，通过 Photoshop 给照片增加怀旧的氛围，适合孤独、凄凉、压抑、悲伤的拍摄题材。

①将要处理的照片拖入 Photoshop 操作页面，如图 9-1 所示，创建背景副本。

②将背景副本图层的混合模式设置为 " 排除 "，如图 9-2 所示。

③在图层面板中单击"创建新的调整图层"按钮，选择 " 亮度 / 对比度 " 调整，" 亮度 "

增加"100"，" 对比度 " 增加"25"，如图 9-3 所示。

图 9-1   图 9-2

图 9-3

④再次单击 " 创建新的调整图层 " 按钮，选择"色相/饱和度"调整，"色相"为"36"，"饱和度 " 增加"18"，勾选 " 着色 "，如图 9-4 所示。

⑤再次单击 " 创建新的调整图层 " 按钮，选择 " 色阶 " 调整，拖动黑、白、灰三个定场拉钮，参考数值分别为"29，198，1.68"，如图 9-5 所示。

149

图 9-4

图 9-5

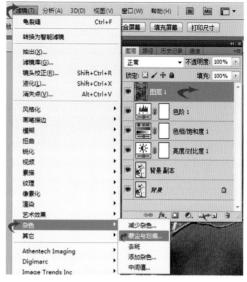

图 9-6

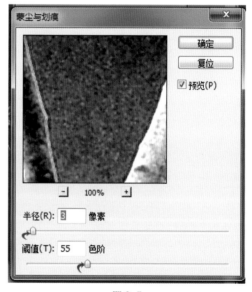

图 9-7

⑥创建新的盖印图层 1，执行 滤镜——杂色——蒙尘与划痕命令，如图 9-6 所示；在调出的对话框中数值"半径"为"3"像素，"阈值"为"55"色阶，如图 9-7 所示，画面效果如图9-8 所示。

150

图 9-8　　　　　　图 9-9

⑦执行 图像——画布大小命令，如图 9-9
所示；为照片添加边框，并为照片添加注释，
如图 9-10 所示。

图 9-10

⑧拼合图像，另存图像，最终效果如图
9-11 所示。

图 9-11

10. 为照片添加光照效果

①将要处理的照片拖入 Photoshop 操作页
面，如图 10-1 所示。

②打开通道面板，按 Ctrl 鼠标单击红通道，
生成亮部的选区，如图 10-2 所示，Ctrl+C 复
制选区。

③回到图层面板，创建新图层 1，Ctrl+V
粘贴，如图 10-3 所示。

④执行 滤镜——模糊——径向模糊命令，
如图 10-4 所示；在调出的对话框中设置"数量"
为"35"，"模糊方法"为"缩放"，"品质"
为"好"，在"模糊中心"窗口使用鼠标拖拽，

使射线方向与画面光线一致，如图 10-5 所示，
单击确定；效果如图 10-6 所示。

图 10-3

图 10-1

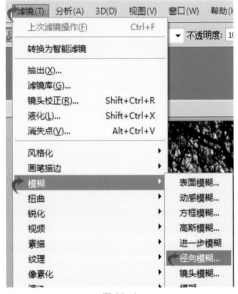

图 10-4

图 10-2

★ Potoshop CS5 快捷方式小提示 ★

通过拷贝建立一个图层【Ctrl】+【J】

图 10-5

图 10-8

图 10-6　　　　　　图 10-7

⑤创建图层 1 的副本,强化光线,设置混合模式为"浅色",效果如图 10-7 所示。

⑥在图层面板中单击"创建新的调整图层"按钮,选择"亮度/对比度"调整,设置"亮度"增加"45","对比度"增加"10",如图 10-8 所示。

⑦再次单击"创建新的调整图层"按钮,选择"色相/饱和度"调整,"色相"减少"11","饱和度"增加"20",如图 10-9 所示。

图 10-9

⑧创建新的盖印图层 2,对该图层进行高反差保留,图层混合模式为"叠加",如图 10-10 所示。

⑨拼合图像,另存图像,最终效果如图 10-11 所示。

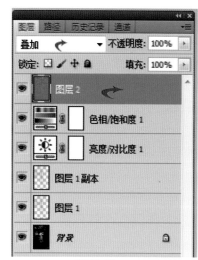

图 10-10

图 10-11

11. 为照片添加水滴效果

①将要处理的照片拖入 Photoshop 操作页面，如图 11-1 所示。

②使用 "裁剪" 工具，对照片重新构图，如图 11-2 所示，双击确定; 使用 "套索" 工具，设置 "羽化" 为 "0"，对裁剪后没有图像的部分建立选区，如图 11-3 所示; 按 Shift+F5 调出填充命令，在调出的对话框中设置 "使用" 为 "内容识别"，"模式" 为 "正常"，"不透明度" 为 "100%"，如图 11-4 所示; 同样方法对其他没有图像的部分填充，效果如图 11-5 所示。

图 11-1

图 11-2

图 11-3

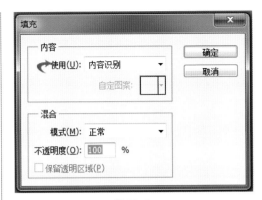

图 11-4

图 11-5   图 11-6

图 11-7

③创建背景副本，进行高反差保留，设置图层混合模式为"叠加"，创建副本 2 和副本 3 多次锐化，如图 11-6 所示。

④在图层面板中单击"创建新的调整图层按钮"，选择"色相／饱和度"调整，"饱和度"增加"25"，如图 11-7 所示。

⑤将背景图层的可见性关闭，执行 图层——合并可见图层命令，如图 11-8 所示。

⑥打开背景图层的可见性，将"色相／饱和度"图层的模式改为"叠加"，如图 11-9 所示。

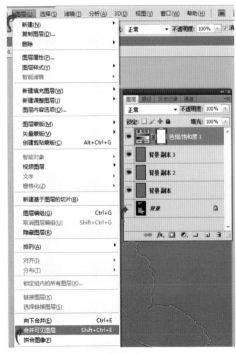

图 11-8

图 11-9

单击确定。

图 11-10

⑦创建新图层 1，在工具栏设置前景色为白色，使用画笔工具在花瓣上画出水滴，如图11-10 所示。

⑧在图层面板中单击 " 添加图层样式 "，如图 11-11 所示，选择 " 投影 " 调整；在调出的对话框中，设置 " 混合模式 " 为 " 正片叠底 "，" 不透明度 " 为 "75%"，" 角度 " 为 "30" 度，" 距离 " 为 "18" 像素，" 扩展 " 为 "10%"，" 大小 " 为 "18" 像素，单击确定，如图 11-12 所示。

⑨在图层面板中单击 " 添加图层样式 "，如图 11-11 所示，选择 " 斜面和浮雕 " 调整；在调出的对话框中，设置 " 样式 " 为 " 内斜面 "，" 深度 " 为 "100%"，" 大小 " 为 "10" 像素，角度为 "30"，" 高度 " 为 "30"，" 高光模式 " 为 " 滤色 "，" 不透明度 " 为 "75%"，单击 " 颜色 " 选择 " 白色 "，" 阴影模式 " 为 " 正片叠底 "，" 不透明度 " 为 "75%"，单击 " 颜色 " 选择与水滴所附着物体接近的颜色，如图 11-13 所示，

图 11-11

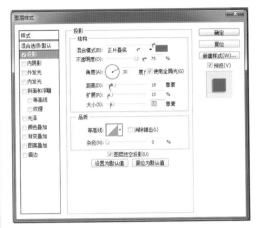

图 11-12

图 11-14

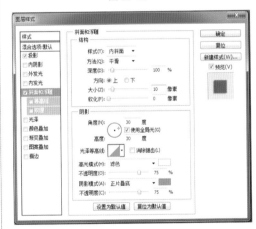

图 11-13

⑩设置图层 1 的 " 填充 " 为 "30%"，效果如图 11-14 所示。

⑪创建新的盖印图层 2，使用工具栏的减淡工具，设置减淡 " 高光 " 擦出悬在花瓣边缘的水滴，使用加深工具，设置加深 " 中间调 " 涂抹花瓣上的水滴，使其更接近花瓣颜色，并调出 " 色相 / 饱和度 " 调整，增加画面整体的饱和度，如图 11-15 所示。

图 11-15

⑫拼合图像，另存图像，最终效果如图
11-16所示。

图 11-16

12. 为照片制作素描效果

素描是以单色线条来表现物象的结构和明暗，其特点是简洁、精练。如果将一幅彩色摄影图片改变为素描图像，不仅可以直白地突出主题，同时还可以消除在拍摄时出现的颜色失误。适用于挽救一些欲删除的废弃照片。

①将要处理的照片拖入 Photoshop 操作页面，如图 12-1 所示。

分析画面：这张照片是在逆光下拍摄的，主体隐藏在阴影当中，色彩和明暗都不理想。

图 12-1

②创建背景副本和新建图层 1，如图 12-2所示。

③在工具栏设置前景色为黑色，对图层 1进行填充，设置图层 1 的混合模式为"色相"，如图 12-3 所示。

④执行 图层——向下合并命令，如图12-4 所示；将图层 1 和背景副本合并，如图12-5 所示。

⑤创建背景副本 2，执行 图像——调整——反相命令，如图 12-6 所示。

⑥将背景副本 2 的混合模式设置为"颜色减淡"，如图 12-7 所示。

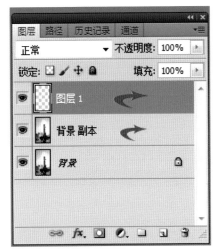

图 12-2

图 12-3

图 12-4

图 12-5

图 12-6

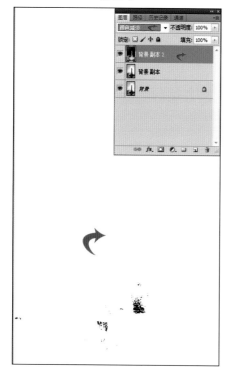

图 12-7

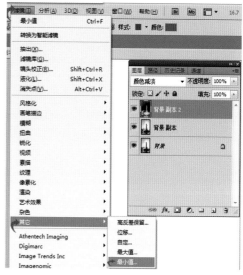

图 12-8

图 12-9

⑦执行 滤镜——其它——最小值命令，如图 12-8 所示；在调出的对话框中设置"半径"为"4"像素，如图 12-9 所示，单击确定。

⑧执行 图层——向下合并命令，将背景副本 2 和背景副本合并，如图 12-10 所示。

⑨再次创建背景副本 2，设置混合模式为"柔光"，如图 12-11 所示。

图 12-10

图 12-11

⑩使用工具栏的加深工具，在选项里选择加深"阴影"，在画面中对需要压暗的线条涂抹，拼合图像 另存图像，最终效果如图 12-12 所示。

图 12-12

13. 为照片增加夜景效果

①将要处理的照片拖入 Photoshop 操作页面，如图 13-1 所示，创建背景副本。

②打开通道面板，单击蓝通道，对蓝通道

进行色阶调整，加深暗区，如图 13-2 所示。

图 13-1

图 13-2

③对蓝通道执行 图像——调整——反相命令，如图 13-3 所示，画面效果如图 13-4 所示。

图 13-3

图 13-4

④单击 RGB 复合通道，回到图层面板，将背景副本图层的混合模式改为 " 正片叠底 "，效果如图 13-5 所示。

图 13-5

⑤使用工具栏的 " 魔棒 " 工具，设置选项为 " 添加到选区 "、" 容差 " 为 "30"、勾选 " 连续 "，如图 13-6 所示，在画面中天空部分建立选区，对选区进行 " 色相 / 饱和度 " 调整，在调出的对话框中勾选 " 着色 "，设置 " 色相 " 为 "50"，" 饱和度 " 为 "50"，" 明度 " 减少 "80"，如图 13-7 所示，单击确定。

图 13-6

图 13-7

⑥执行 选择——反相命令,将天空以外的部分变为选区,单击"创建新的调整图层"按钮,选择"渐变映射"调整,单击调出的渐变条,在调出的"渐变编辑器"对话框中选择渐变颜色,如图 13-8 所示,单击确定。

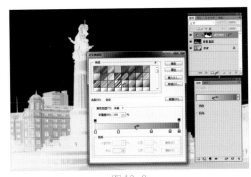

图 13-8

⑦将"渐变映射"图层的混合模式设置为"叠加",效果如图 13-9 所示。

图 13-9

⑧创建新的盖印图层 1,进行色阶调整如图 13-10 所示。

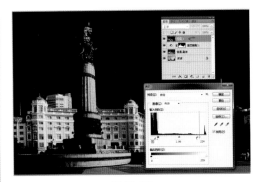

图 13-10

⑨拼合图像,另存图像,最终效果如图 13-11 所示。

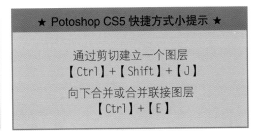

★ Potoshop CS5 快捷方式小提示 ★

通过剪切建立一个图层
【Ctrl】+【Shift】+【J】

向下合并或合并联接图层
【Ctrl】+【E】

图 13-11

14. 为照片主体更换背景

①将要处理的照片拖入 Photoshop 操作页面，如图 14-1 所示。这是在雪乡农户院里隔着铁丝网拍摄的，无辜的小狍子不知道在这里被囚禁了多久，现实无法改变，那就让幻想给它一片自由的天地吧，同时也让它感觉一下做明星的骄傲。

图 14-1

②执行 图像——图像旋转——水平翻转画布命令，使小狍子的视线及画面光线效果与要改变的背景一致。

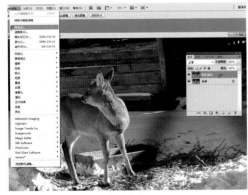

图 14-2

③创建背景副本，执行 滤镜——抽出命令，如图14-2 所示，在调出的对话框中使用"画笔"

勾出主体的轮廓，用"油漆桶"工具填充，如图 14-3 所示，单击确定，图层面板如图 14-4 所示。

图 14-3　　　　　　　图 14-4

④将挑选并更名为"更换背景"的照片拖入 Photoshop 操作页面，使用工具栏的移动工具将抽出的小狍子拖入更换背景中，如图 14-5 所示。

更换背景

图 14-5

图 14-10

⑤使用自由变换工具调整小狍子的大小、角度，使用移动工具安排小狍子的位置，如图 14-6 所示。

图 14-6

⑥使用深色画笔画出小狍子的蹄子，使用曲线对小狍子进行压暗处理，如图 14-7 所示。

图 14-7

⑦创建背景副本 2，使用自由变换工具制作小狍子的投影，如图 14-8 所示，使用色阶将投影压暗，使用滤镜——高斯模糊，将投影模糊，设置背景副本 2 的不透明度为 70%，如图 14-9 所示。

图 14-8

图 14-9

⑧拼合图像，另存图像，最终效果如图 14-10 所示。

15. 为照片添加水中倒影

①将要处理的照片拖入 Photoshop 操作页面，如图 15-1 所示。

图 15-1

②将画布宽度扩展 "10" 厘米，如图 15-2 所示。

图 15-2

③分别对左右扩展区域建立选区，使用 "填充" 选择 "内容识别" 命令，对扩展区域填充画面内容，并修饰画面，效果如图 15-3 所示。

图 15-3

④再次扩展画布，向下扩展 "14" 厘米，如图 15-4 所示；创建新图层 1，单击 "背景图层"，使用 "矩形选框" 工具，设置 "羽化" 为 "0"，在画面上半部分做选区，如图 15-5 所示，Ctrl+C 复制选区内容，单击 "图层 1"，Ctrl+V 粘贴选区内容，如图 15-6 所示。

⑤执行 编辑——变换——垂直翻转命令，如图 15-7 所示，将图层 1 的内容翻转。

⑥使用工具栏的 "移动" 工具调整倒影位置，如图 15-8 所示。

图 15-4

图 15-5

图 15-6

图 15-7

图 15-8

⑦执行 滤镜——模糊——高斯模糊命令，如图 15-9 所示，在调出的对话框中设置"半径"为"5"像素，单击确定，效果如图 15-10 所示。

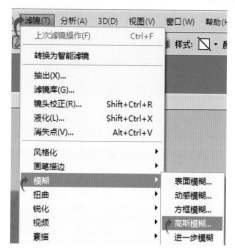

图 15-9

图 15-10

⑧执行 滤镜——扭曲——波纹命令，如图 15-11 所示；在调出的对话框中设置"数量"为"260%"，"大小"为"中"，如图 15-12 所示，单击确定；画面效果如图 15-13 所示。

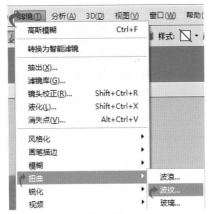

图 15-11

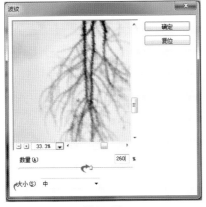

图 15-12

图 15-13

⑨使用工具栏的橡皮擦工具，设置小一些的不透明度，擦出倒影与画面相接的部分，使其过渡自然，拼合图像，另存图像，最终效果如图 15-14 所示。

图 15-14

16. 为照片添加特殊背景

①将要处理的照片拖入 Photoshop 操作页面，如图 16-1 所示。

图 16-1

分析画面：这是吉林红丰村日出的场景。由长白山温泉之水形成的奶头河，在寒冷的冬日雾气笼罩，河中的枯木若隐若现，被摄影人誉为"魔界"。因拍摄地点距长白山 30 多公里，无法将美丽的天池一同纳入画面，但是利用Photoshop软件却可以将其奇异地组合。

②创建新的盖印图层，命名为"降噪"，如图16-2所示。

图16-2

③执行滤镜——Imagenomic——Noiseware Professional…命令，如图16-3所示；这是Photoshop允许安装使用的降噪插件，在调出的对话框中设置"设置"为"风景"，降噪"明度"为"70%"，"颜色"为"88%"，细节保护"明度"为"6"，"颜色"为"5"，细节增强"锐化"为"5"，"对比度"为"5"，如图16-4所示，单击确定。

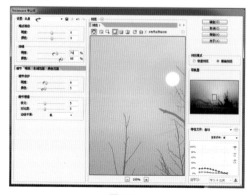

图16-4

图16-3

④创建新的盖印图层，命名为"锐化"，如图16-5所示。

图16-5

⑤执行滤镜——其它——高反差保留命令，在调出的对话框中设置"半径"为"3.9"像素，如图16-6所示，单击确定，将"锐化"

170

图层的混合模式设置为"叠加",创建"锐化"图层副本,进行再次锐化,如图 16-7 所示。

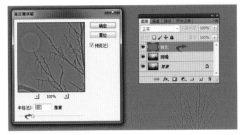

图 16-6

图 16-7

⑥创建新的盖印图层,命名为"调色",如图 16-8 所示。

图 16-8

⑦Ctrl+B 调出"色彩平衡"调整,在对话框中勾选"高光","保持明度",设置色阶分别为"+33"、"-23"、"-18",如图 16-9 所示,单击确定,拼合图像,如图 16-10 所示。

图 16-9

图 16-10

⑧将照片"长白山 1"拖入 Photoshop 操作页面,执行 图像——调整——匹配颜色命令,如图 16-11 所示;在调出的对话框中设置图像统计"源"为"16-10",匹配目标选项"明亮度"为"70","颜色强度"为"90",如图 16-12 所示,单击确定;使用工具栏的移动工具,将其拖拽到魔界画面中,成为图层 1,更改图层 1 的名称为"长白山 1",设置图层不透明度为"30%",Ctrl+T 自 由 变 换,调 整"长

白山 1"图层的大小和位置，使用橡皮擦工具，设置适当不透明度，擦掉"长白山 1"图层的边缘，使其与画面自然融合，如图 16-13 所示，关闭照片长白山 1。

长白山 1

图 16-11

图 16-12

图 16-13

⑨将照片"长白山 2"拖入 Photoshop 操作页面，执行 图像——调整——匹配颜色命令，在调出的对话框中设置"源"为"16-10"，"明亮度"为"38"，"颜色强度"为"90"，"渐隐"为"6"，如图 16-14 所示，单击确定；使用工具栏的移动工具，将其拖拽到魔界画面中，成为图层 1，更改图层 1 的名称为"长白山 2"，设置图层不透明度为"40%"，Ctrl+T 自由变换，调整"长白山 2"图层的大小和位置，使用橡皮擦工具，设置适当不透明度，擦掉"长白山 2"图层的边缘，使其与画面自然融合，如图 16-15 所示，关闭照片长白山 2。

长白山 1

图 16-14

图 16-15

图 16-16

图 16-17

长白山 3

⑩将照片"长白山 3"拖入 Photoshop 操作页面,执行图像——调整——匹配颜色命令,在调出的对话框中设置"源"为"16-10","明亮度"为"43","颜色强度"为"83","渐隐"为"10",如图 16-16 所示,单击确定;同样方法为魔界画面添加"长白山 3"图层,设置不透明度为"40%",进行调整,如图 16-17 所示。

⑪综合调整三个添加图层,将"长白山 2"图层的不透明度改为"30%",拼合图像,另存图像,最终效果如图 16-18 所示。

图 16-18

第四章

Chapter four

人像修饰

　　每个人在都希望自己留下的纪录影像是健康的、美好的，虽然不是每个人都有着明星的面孔、明星的身材，但是每个人都想把自己的优点强化出来，同时把缺陷掩盖下去。在使用 Photoshop 软件对人像照片进行修饰时，首先要观察不同的人、不同的性别、不同的年龄、不同的性格、不同的拍摄方法，选择不同的修饰方法，从而达到不同的修饰目的。

Photoshop——功能介绍

　　从功能上看，该软件可分为图像编辑、图像合成、校色调色及特效制作部分等。图像编辑是图像处理的基础，可以对图像做各种变换如放大、缩小、旋转、倾斜、镜像、透视等。也可进行复制、去除斑点、修补、修饰图像的残损等。这在婚纱摄影、人像处理制作中有非常大的用场，去除人像上不满意的部分，进行美化加工，得到让人非常满意的效果。

　　图像合成则是将几幅图像通过图层操作、工具应用合成完整的、传达明确意义的图像，这是美术设计的必经之路；该软件提供的绘图工具让外来图像与创意很好地融合，成为可能使图像的合成天衣无缝。

　　校色调色是该软件中深具威力的功能之一，可方便快捷地对图像的颜色进行明暗、色偏的调整和校正，也可在不同颜色进行切换以满足图像在不同领域如网页设计、印刷、多媒体等方面应用。

　　特效制作在该软件中主要由滤镜、通道及工具综合应用完成。包括图像的特效创意和特效字的制作，如油画、浮雕、石膏画、素描等常用的传统美术技巧都可藉由该软件特效完成。而各种特效字的制作更是很多美术设计师热衷于该软件的研究的原因。

对拍摄对象比较多的集体纪念照进行人像修饰时，在保证画面整体曝光正确的情况下还要调整个体的局部曝光，比如有戴帽子的人像面部的阴影，可参照第一章里的"曝光的局部处理"，利用"计算"的方法调整。集体照最常见的失误是个体人像出现闭眼现象，如果有几张同时拍摄的照片可以选择时，选择闭眼个体最少的一张，在其他几张里挑选个体正确的照片来局部替换，如果只有一张照片，可选择其他个体的局部来替换。

对拍摄对象比较少或者是单人的纪念照尤其是人物特写照片，要对皮肤、眼睛、眼镜、牙齿、头发等各个部位进行细致的修饰，同时要考虑男人的特征、女人的特征、老人的特征、青年的特征、儿童的特征，以及人物的性格特征。

最高级的化妆是看不出化妆，最完美的人像修饰也是扬长避短而看不出修饰过的痕迹。

1. 利用高斯模糊和历史记录画笔柔化皮肤

（1）将要修饰的照片拖入 Photoshop 操作页面，如图 1-1 所示，创建背景副本。使用工具栏的缩放工具将画面放大便于观察。

图 1-1

（2）执行 滤镜——模糊——高斯模糊命令，如图 1-2 所示；在调出的对话框中设置"半径"为"7"像素（参考照片像素大小而定），如图 1-3 所示，单击确定。

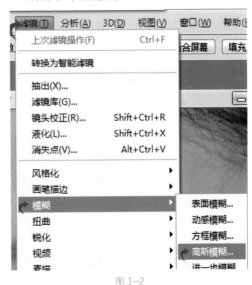

图 1-2

★ Potoshop CS5 快捷方式小提示 ★

合并可见图层
【Ctrl】+【Shift】+【E】

图 1-3

图 1-6

（3）选择工具栏的"历史记录画笔"工具，如图 1-4 所示；在选项栏设置"不透明度"为"20%"，小一些的柔边圆，在需要柔化的皮肤与不需要柔化的部位的边缘涂抹，擦掉模糊，如图 1-5 所示；将"历史记录画笔"的"不透明度"改为"100%"，沿着刚才涂抹的界限向外擦掉不需要的模糊，细节如图 1-6 所示。

（4）使用缩放工具将画面恢复正常大小，继续涂抹不需要模糊的部位，执行 图层——拼合图像，另存图像，最终效果如图 1-7 所示。修饰前后的细节对比如图 1-8 所示。

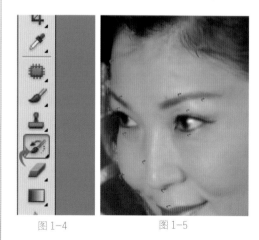

图 1-4　　　　　　图 1-5

图 1-7

图 1-8

2. 利用蒙版和表面模糊柔化皮肤

（1）将要修饰的照片拖入 Photoshop 操作页面，如图 2-1 所示。

图 2-1　　　　　　图 2-2

（2）单击工具栏的"以快速蒙版模式编辑"按钮，如图 2-2 所示；使用画笔工具，设置"不透明度"为"100%"，笔尖为"柔边圆"，在画面中皮肤部位涂抹，如图 2-3 所示。

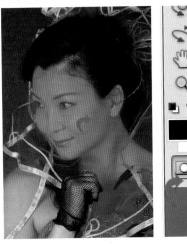

图 2-3　　　　　　图 2-4

（3）单击"以标准模式编辑"按钮，如图 2-4 所示，此时画面生成选区，如图 2-5 所示；执行 选择——反向命令，如图 2-6 所示，将面部变为选区，如图 2-7 所示。

图 2-5　　　　　　图 2-7

★ Potoshop CS5 快捷方式小提示 ★

盖印或盖印联接图层
【Ctrl】+【Alt】+【E】

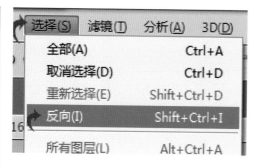

图 2-6

（4）执行 滤镜——模糊——表面模糊命令，如图 2-8 所示；在调出的对话框中设置"半径"为"8"像素，"阈值"为"8"像素，如图2-9 所示，单击确定；细节效果如图 2-10 所示。

（5）另存图像，修饰效果如图 2-11 所示。

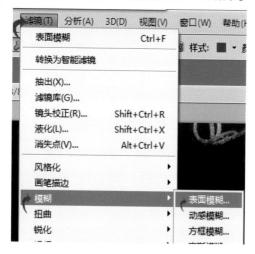

图 2-8

★ Potoshop CS5 快捷方式小提示 ★

盖印可见图层
【Ctrl】+【Alt】+【Shift】+【E】

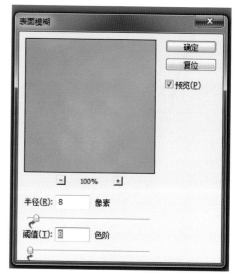

图 2-9

图 2-10

图 2-11

3. 消除色斑

（1）将要修饰的照片拖入 Photoshop 操作页面，如图 3-1 所示，创建背景副本。

（2）使用缩放工具将人物面部放大，选择工具栏的"修复画笔工具"，在选项栏设置"模式"为"正常"，"源"为"取样"，如图 3-2 所示；减小画笔的"硬度"，如图 3-3 所示；按住 Alt 键，鼠标在色斑附近的好皮肤上单击取样，然后释放 Alt 键，鼠标在色斑上单击修复，如图 3-4 所示；接着单击附近的色斑进行修复，效果如图 3-5 所示；按空格键使鼠标变为抓手，移动

画面，同样方法修复其它色斑，效果如图 3-6 所示。

图 3-1

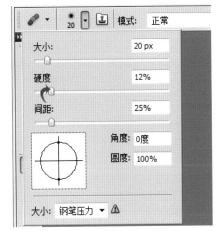

图 3-3

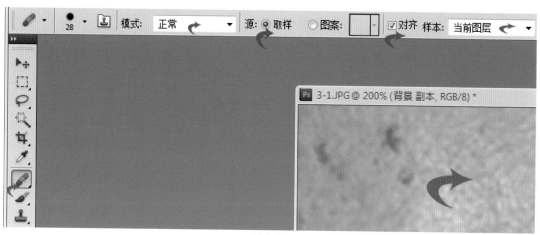

图 3-2

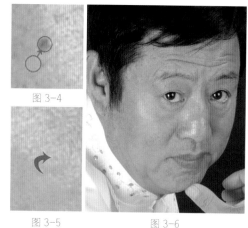

图 3-4

图 3-5　　　　　　　图 3-6

（3）男性皮肤一般不需要柔化，可使用工具栏的"加深"工具设置工具选项"范围"为"阴影"，"曝光度"为"10"，如图 3-7 所示；在眼睛的阴影部分涂抹，执行 图层——拼合图像，另存图像，修饰效果如图 3-8 所示。

图 3-7

图 3-8

4. 去除眼袋和皱纹

（1）将要修饰的照片拖入 Photoshop 操作页面，如图 4-1 所示，创建背景副本。

图 4-1

（2）使用缩放工具放大画面，单击工具栏的"污点修复画笔工具"，如图 4-2 所示；在选项栏勾选"内容识别"，减小笔尖"硬度"为"50%"，"间距"为"10%"，如图 4-3 所示；按住鼠标左键，在眼袋部位涂抹，如图 4-4 所示；释放鼠标，涂抹的区域被修复并与周围自然融合，如图 4-5 所示；同样方法去除另外一边眼袋，按住鼠标在皱纹处涂抹，如图 4-6 所示；去除皱纹，修复后的细节如图 4-7 所示。

★ Potoshop CS5 快捷方式小提示 ★

将当前层下移一层【Ctrl】+【[】

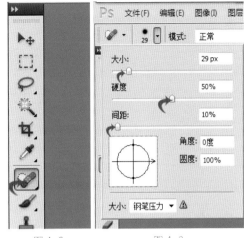

图 4-2　　　　　　图 4-3

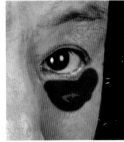

图 4-4　　　　　　图 4-5

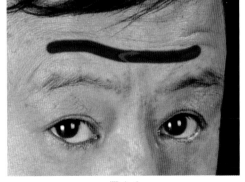

图 4-6

图 4-7

（3）使用缩放工具复原画面，执行 图层——拼合图像，另存图像，修饰效果如图4-8所示。

图 4-8

5. 人像化妆

（1）将要修饰的照片拖入 Photoshop 操作页面，如图 5-1 所示。

图 5-1

（2）创建新图层 1，鼠标双击文字 " 图层1 "，将文字改为 " 睫毛 "，使用缩放工具放大画面，如图 5-2 所示；设置前景色为黑色，使用工具栏的画笔工具，笔尖为 " 硬度 " 为 "0"，" 大小 " 为 "2"，在眼睛周围画出睫毛，如图5-3 所示。

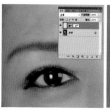

图 5-2　　　　　　　　图 5-3

（3）使用工具栏的 " 涂抹 " 工具，如图5-4 所示；设置 " 强度 " 为 "50%"，沿着睫毛生长的方向涂抹，效果如图 5-5 所示；使用同样方法画出另外一只眼睛的睫毛。

图 5-4 　　　　　　　图 5-5

（4）创建新的盖印图层 1，使用工具栏的加深工具，对睫毛和眼眉进行加深处理，效果如图 5-6 所示。

图 5-6

（5）创建新图层，将其命名为"眼影"，在工具栏单击前景色，在调出的拾色器中选择自己喜欢的眼影颜色，使用画笔工具在眼角处涂抹眼影，如图 5-7 所示。

（6）执行 滤镜——模糊——高斯模糊命令，如图 5-8 所示；在调出的对话框中设置"半径"为"50"像素，如图 5-9 所示，单击确定；将"眼影"图层的不透明度改为"25%"，使用橡皮擦工具擦出眼睛内部，画面效果如图 5-10 所示。

图 5-7

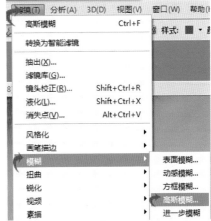

图 5-8

图 5-9

183

图 5-10

图 5-11

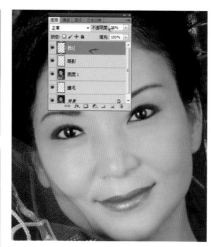

图 5-12

图 5-13

图 5-14

（7）创建新图层，命名为"腮红"，设置喜欢的颜色为前景色，使用画笔工具画出腮红，如图 5-11 所示；执行 滤镜——模糊——高斯模糊命令，设置"半径"为"100"像素，将"腮红"图层的不透明度改为"30%"，使用橡皮擦工具擦出眼睛内部，画面效果如图 5-12 所示。

（8）创建新图层，命名为"鼻梁"，设置喜欢的颜色为前景色，使用画笔工具画出鼻梁两侧的深颜色，设置前景色为白色，画出鼻梁高出，如图 5-13 所示；执行 滤镜——模糊——高斯模糊命令，设置"半径"为"80"像素，将"腮红"图层的不透明度改为"50%"，使用橡皮擦工具擦出眼睛内部及多余部分，画面效果如图 5-14 所示。

（9）执行 图层——拼合图像，利用曲线细微调整画面亮度，另存图像，修饰效果如图 5-15 所示。

图 5-15

6. 头发染色

图 6-1

图 6-2

图 6-3

（1）将要修饰的照片拖入 Photoshop 操作页面，如图 6-1 所示。

（2）创建新图层1，设置图层混合模式为"颜色减淡"，如图 6-2 所示。

（3）单击工具栏的画笔工具，设置喜欢的前景色，在画面中头发部位涂抹，如图 6-3 所示。

（4）更改前景色的颜色，继续在头发部位涂抹，如图 6-4 所示。

图 6-4

（5）根据个人喜好，可多次更改前景色，将头发染出多种颜色，也可以在服饰上染色，执行 图层——拼合图像，另存图像，修饰效果如图 6-5 所示。

图 6-5

7. 消除眼镜反光

（1）将要修饰的照片拖入 Photoshop 操作页面，如图 7-1 所示，创建背景副本。

图 7-1

（2）使用缩放工具放大画面，单击工具栏的"仿制图章"工具，如图 7-2 所示；在选项栏设置适当大小的柔边圆，按住 Alt 键在镜框内正常皮肤上取样，对镜框中的反光部位进行修复，如图 7-3 所示；修复效果如图 7-4 所示。

（3）单击工具栏的"多边形套索"工具，沿着镜框边缘向镜框内的反光部位做选区，如图 7-5 所示；使用仿制图章在选区外取样修复选区内的反光，修复效果如图 7-6 所示。

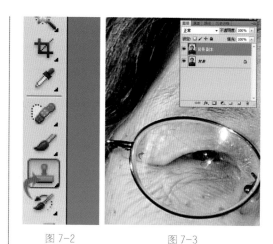

图 7-2　　　　　　　　图 7-3

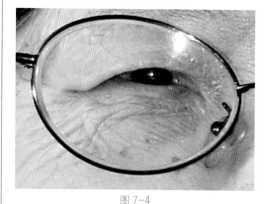

图 7-4

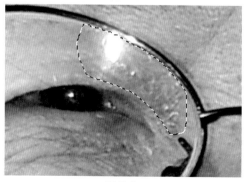

图 7-5

186

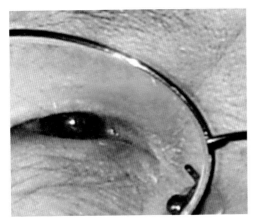

图 7-6

（4）使用"磁性套索"工具在镜框上正常部位做选区，如图 7-7 所示；Ctrl+C 复制，Ctrl+V 粘贴，成为图层 1；使用移动工具将粘贴的一段镜框拖拽到镜框反光附近，如图 7-8 所示；Ctrl+T 自由变换，调整角度位置，使其完全与镜框吻合，使用橡皮擦工具，设置适当不透明度，擦掉两端部位，如图 7-9 所示。

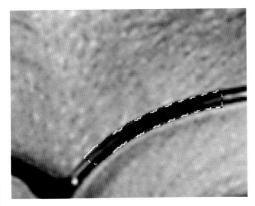

图 7-7

图 7-8

图 7-9

（5）依次创建图层 1 副本和图层 1 副本 2，结合 Ctrl+T 自由变换，修复旁边的反光镜框，如图 7-10 所示。

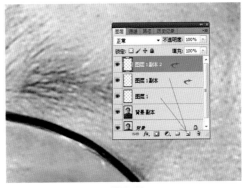

图 7-10

（6）创建新的盖印图层 2，使用"多边形套索"工具，对修复的边缘反光部位建立选区，使用仿制图章进行修复，效果如图 7-11 所示。

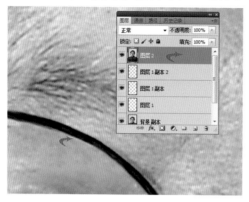

图 7-11

（7）使用"磁性套索"工具对修复好的镜框部位建立选区，如图 7-12 所示；Ctrl+C 复制，Ctrl+V 粘贴，成为图层 3；将粘贴的一段镜框拖拽到另外一片镜框的相应部位，执行 编辑——变换——水平翻转命令，如图 7-13 所示；结合 Ctrl+T 自由变换，修复另外一片镜框，如图 7-14 所示。

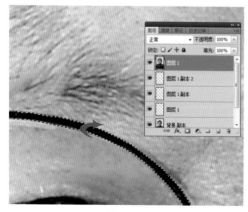

图 7-12

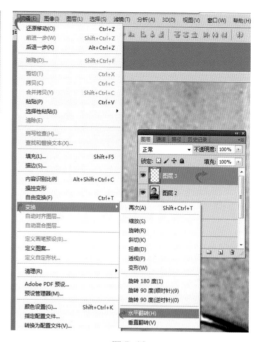

图 7-13

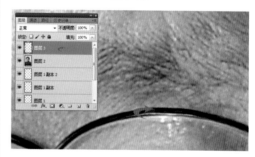

图 7-14

（8）Ctrl+E 向下合并图层，使用套索和仿制图章，修复剩余反光部位，如图 7-15 所示。

（9）执行 图层——拼合图像，另存图像，修饰效果如图 7-16 所示。

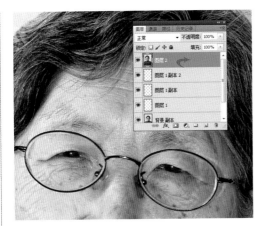

图 7-15

图 7-16

8. 修改闭眼照片

（1）将要修饰的照片拖入 Photoshop 操作页面，如图 8-1 所示。

图 8-1

（2）将另外一张正常照片拖入 Photoshop 操作页面，如图 7-16 所示。

（3）调整图像 8-1 的色彩，按 Ctrl+U 键，调出"色相 / 饱和度"调整对话框，将黄色的饱和度降低 40，如图 8-2 所示；单击确定，按 Ctrl+B 键，调出"色彩平衡"调整对话框，做进一步调整，如图 8-3 所示；单击确定，使图像 8-1 和图像 7-16 中需要替换的人像面部色彩更接近。

图 8-2

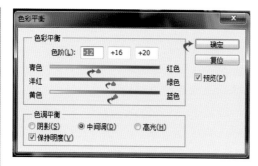

图 8-3

（4）使用"套索"工具，设置"羽化"为"0"，在图 7-16 中人像面部做选区，如图 8-4 所示；使用移动工具将选区内的图像拖拽到图 8-1 当中，成为图 8-1 的图层 1，如图 8-5 所示；按 Ctrl+T 键，进行自由变换，将图层 1 缩小，移动到大致适合的位置，如图 8-6 所示。

图 8-4 　　　　　 图 8-6

图 8-5

（5）使用工具栏的放大工具将闭眼人像放大，将图层 1 的不透明度改为"60%"，调整图

层 1 的大小和位置，使其与图 8-1 的眼眉、鼻梁完全吻合，如图 8-7 所示。

图 8-7

（6）将图层 1 的不透明度改为"100%"，使用曲线调整图层 1 的亮度，使其与下面的图像亮度一致，使用橡皮擦工具，设置适当不透明度，逐渐擦掉多余部分，使其与下面的图像自然融合，效果如图 8-8 所示。

图 8-8

（7）将图像缩小至正常画面，执行 图层——拼合图像命令，利用加深工具细微修饰画面，另存图像，完成效果如图 8-9 所示。

图 8-9

9. 修饰身材

（1）将要修饰的照片拖入 Photoshop 操作页面，如图 9-1 所示，创建背景副本。

（2）执行 滤镜——液化命令，如图 9-2 所示；在调出的对话框中单击左侧的"缩放"工具将图像放大，按住键盘空格键将缩放工具转换为"抓手"，移动图像选择要修饰的部位，单击左侧的"褶皱"工具，设置"画笔密度"

为"18"，"画笔压力"为"72"，适当的画笔大小，按住鼠标左键沿着需要缩进部位的边缘向内移动进行收缩，失误之处可单击左侧的"重建"工具修改，如图 9-3 所示；效果满意时单击确定。

（3）执行 图层——拼合图像，另存图像，修饰效果如图 9-4 所示。

（4）修饰前后的细节对比如图 9-5 所示。

图 9-1

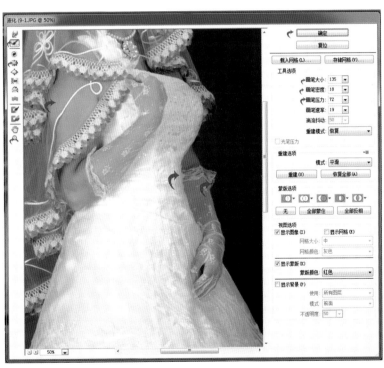

图 9-2

图 9-3

★ Potoshop CS5 快捷方式小提示 ★		
将当前层上移一层 【Ctrl】+【]】	将当前层移到最下面 【Ctrl】+【Shift】+【[】	将当前层移到最下面 【Ctrl】+【Shift】+【[】

图 9-4

图 9-5

10. 美白牙齿

（1）将要修饰的照片拖入 Photoshop 操作页面，如图 10-1 所示，创建背景副本。

图 10-1

（2）利用工具栏的缩放工具将画面放大，使用工具栏的"磁性套索工具"，设置"羽化"为"5"，对牙齿做选区，如图 10-2 所示。

（3）Ctrl+L 调出色阶对话框，调整黑场和白场定位，对牙齿进行提亮处理，如图 10-3 所示，单击确定。

（4）Ctrl+U 调出色相/饱和度调整，将"饱和度"减少"30"，减少牙齿的色彩，如图 10-4 所示。

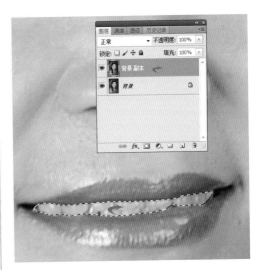

图 10-2

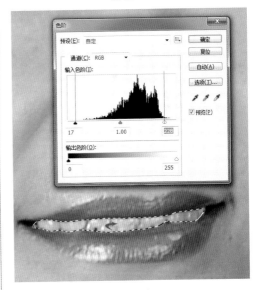

图 10-3

（5）Ctrl+D 取消选择，Ctrl+O 将图像恢复正常大小，执行 图层——拼合图像，另存图像，修饰效果如图 10-5 所示。

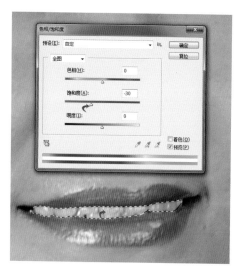

图 10-4

图 10-5

11．在服装上印染人像

（1）将要处理的照片拖入 Photoshop 操作页面，如图 11-1，11-2 所示。

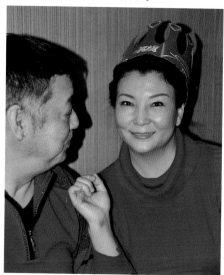

图 11-1

图 11-2

（2）在图像 11-2 上执行 滤镜——抽出命令，如图 11-3 所示；在调出的对话框中使用缩放工具放大图像，使用左侧的抓手工具移动图像，使用左侧的画笔工具，设置适当的画笔大小，勾出需要的图像轮廓，也可使用左侧的橡皮擦工具修改，使用左侧的油漆桶工具对轮廓内填充，设置抽出的平滑度为"100"，如图11-4所示，单击确定 画面效果如图11-5所示。

图 11-5

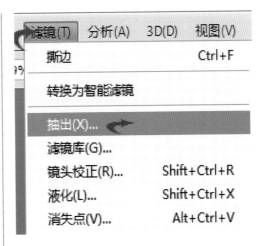

图 11-3

图 11-4

（3）使用工具栏的移动工具将图像 11-5 拖入图像 11-1 中，成为 11-1 的图层 1，如图 11-6 所示。

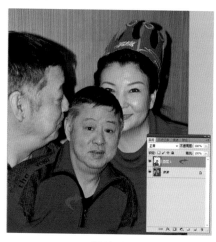

图 11-6

（4）执行 编辑——变换——水平翻转命令，如图 11-7 所示；将拖入的图像进行翻转，效果如图 11-8 所示。

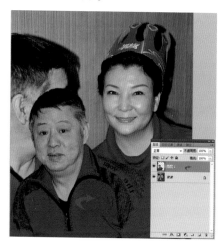

图 11-8

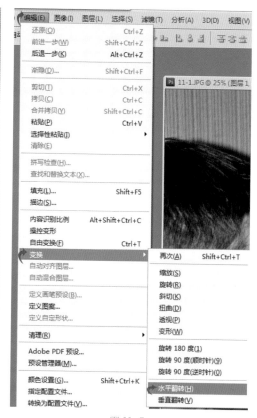

图 11-7

（5）Ctrl+T 自由变换，安排图像的适当大小和位置，如图 11-9 所示。

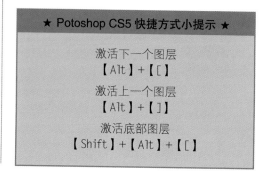

★ Potoshop CS5 快捷方式小提示 ★

激活下一个图层
【Alt】+【[】

激活上一个图层
【Alt】+【]】

激活底部图层
【Shift】+【Alt】+【[】

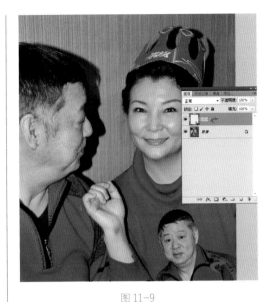

图 11-9

（6）将图层 1 的混合模式设置为" 叠加 "，
不透明度为"50%"，效果如图 11-10 所示。

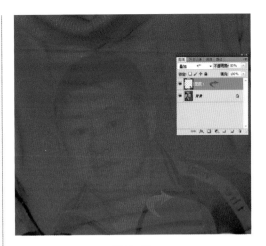

图 11-10

（7）执行 图像——调整——亮度 / 对比度
命令，如图 11-11 所示；在调出的对话框中设
置" 亮度 "减少"50"，" 对比度 "增加"100"，
如图 11-12 所示，单击确定。

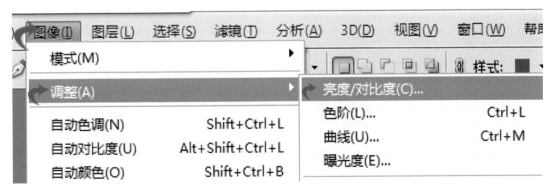

图 11-11

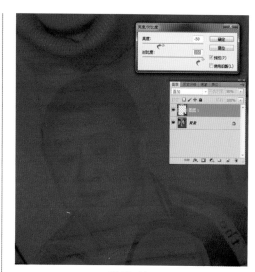

图 11-12

（8）执行 图层——拼合图像，另存图像，处理效果如图 11-13 所示。

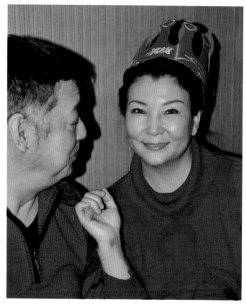

图 11-13

12. 为人像添加梦幻效果

（1）将要修饰的照片拖入 Photoshop 操作页面，如图 12-1 所示。

（2）创建新的图层 1，按 Alt+Delete 填充默认前景色，如图 12-2 所示。

图 12-1　　　　　　　　图 12-2

（3）使用工具栏的画笔工具，单击工具选项栏画笔旁边的"工具预设选择器"三角按钮，在调出的选择器对话框中，单击右侧的三角按钮，在展开的菜单中勾选"显示所有工具预设"，如图 12-3 所示，此时预设选择器会增加所有选项，勾选"扎染印象派效果"，如图 12-4 所示；单击"画笔预设"三角按钮，设置硬度为"0"，参考图像大小设置大一些的笔尖，如图 12-5 所示；在画面中反复涂抹，画出自己满意的效果，如图 12-6 所示。

（4）将图层 1 的混合模式改为"线性光"，如图 12-7 所示，画面效果如图 12-8 所示。

★ Potoshop CS5 快捷方式小提示 ★

激活顶部图层
【Shift】+【Alt】+【]】

图 12-3

图 12-4

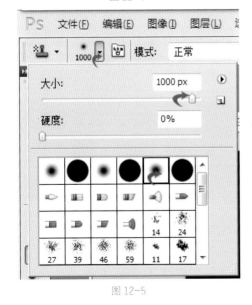

图 12-5

图 12-6

图 12-7

199

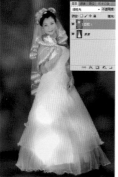

图 12-8　　　　　　　图 12-9

（5）使用工具栏的橡皮擦工具擦出人像的面部，如图 12-9 所示。

（6）执行 图层——拼合图像，另存图像，修饰效果如图 12-10 所示。

图 12-10

13. 婚纱随意换

（1）将要处理的照片拖入 Photoshop 操作页面，如图 13-1，13-2 所示。

图 13-1

图 13-2

（2）对 13-1 执行 图像——画布大小命令，如图 13-3 所示；在调出的对话框中参考图像大小设置扩展数值，如图 13-4 所示，单击确定。

E)	图像(I)	图层(L)	选择(S)	滤镜(T)	分析

模式(M) ▶

调整(A) ▶

自动色调(N)   Shift+Ctrl+L

自动对比度(U)   Alt+Shift+Ctrl+L

自动颜色(O)   Shift+Ctrl+B

图像大小(I)...   Alt+Ctrl+I

画布大小(S)...   Alt+Ctrl+C

图像旋转(G) ▶

图 13-3

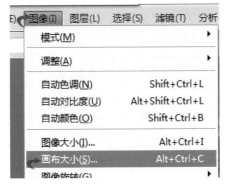

图 13-4

画布大小

当前大小：32.8M
宽度：23.88 厘米
高度：34.43 厘米

新建大小：41.7M
宽度(W)：2   厘米 ▼
高度(H)：6   厘米 ▼
☑ 相对(R)
定位：

画布扩展颜色：黑色 ▼ ■

确定
复位

（3）使用工具栏的油漆桶工具，按住 Alt 键在画面背景取样，释放 Alt 键对扩展区域填充，效果如图 13-5 所示。

（4）使用工具栏的移动工具将图像 13-2 拖入图像 13-1 中，成为图像 13-1 的图层 1，Ctrl+T 自由变换，调整图像 13-2 的大小位置，双击确定，如图 13-6 所示。

图 13-5   图 13-6

（5）减少图层 1 的不透明度，以便细致调整图层 1 的大小和位置，使用工具栏的橡皮擦工具擦出不需要遮盖的部分，如图 13-7 所示。

图 13-7

（6）将图层 1 的不透明度还原，继续使用橡皮擦修饰，执行 图层——拼合图像，另存图像，更换婚纱效果如图 13-8 所示。

图 13-8

（7）执行 选择——色彩范围命令，如图 13-9 所示；在调出的对话框中设置"颜色容差"为"90"，在人像衣服上取样，如图 13-10 所示；单击确定，建立选区，如图 13-11 所示。

★ Potoshop CS5 快捷方式小提示 ★

调整当前图层的透明度
（当前工具为无数字参数的，如移动工具）
【0】至【9】

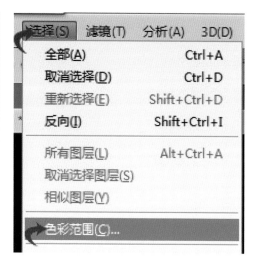

图 13-9

图 13-10

图 13-11

（8）使用工具栏的套索工具，分别选择选
项栏的增加选区和减少选区，如图 13-12 所示;
对画面中的选区进行修改，修改如图 13-13 所
示。

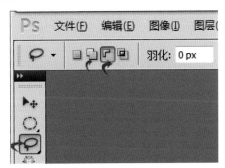

图 13-12

图 13-13

（9）创建新图层 1，选择喜欢的前景色，
按 Alt+Delete 键对图层 1 进行填充，如图
13-14 所示。

（10）将图层 1 的混合模式设置为"亮光"，
画面效果如图 13-15 所示。

（11）Ctrl+D 取消选择，使用工具栏的橡
皮擦和图章工具对画面进行细微修整，执行
图层——拼合图像，另存图像，改变婚纱颜色
效果如图 13-16 所示。

★ Potoshop CS5 快捷方式小提示 ★

全部选取
【Ctrl】+【A】

图 13-14

图 13-16

图 13-15

（12）将图 13-8，图 13-17 拖入 Photoshop 操作页面，对图 13-8 执行 Ctrl+A 全选，Ctrl+C 复制，Ctrl+N 新建，如图 13-18 所示，单击确定；Ctrl+V 粘贴，如图 13-19 所示；复制剪贴板的 13-8 图像，以 PSD 格式另存于桌面待用，如图 13-20 所示，关闭剪贴板图像。

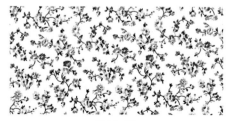

图 13-17

图 13-18

图 13-19

图 13-20　　　　　图 13-21

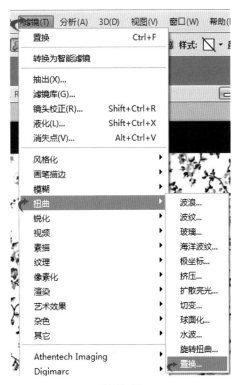

图 13-22

图 13-23

（13）对图像 13-8 执行 Ctrl+D 取消选择，使用工具栏的移动工具将图 13-17 拖入图 13-8 中，成为 13-8 的图层 1，如图 13-21 所示。

（14）执行 滤镜——扭曲——置换命令，如图 13-22 所示；在调出的对话框中设置" 水平比例 "为" 80"，" 垂直比例 "为" 80"，勾选" 伸展以适合 "，勾选" 折回 "，如图 13-23 所示，单击确定；在调出的" 选取置换图 "对话框中选择" 桌面 "，" 未标题 -1"如图 13-24 所示，单击" 打开 "；画面效果如图 13-25 所示。

图 13-24

图 13-26

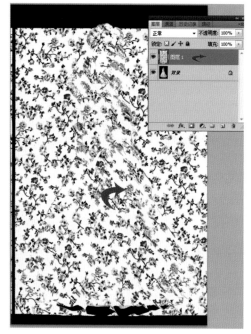

图 13-25

（15）将图层 1 的混合模式更改为" 正片叠底"，画面效果如图 13-26 所示。

（16）使用工具栏的橡皮擦工具擦出不需要置换的部分，执行 图层——拼合图像，另存图像，添加图案效果如图 13-27 所示。

图 13-27

14. 背景随意换

（1）将要处理的照片拖入 Photoshop 操作页面，如图 14-1，图 14-2，图 14-3 所示。

图 14-1

图 14-2　　　　图 14-3

（2）使用工具栏的移动工具将图 14-2 拖入图 14-1 中，成为图 14-1 的图层 1，如图 14-4 所示。

图 14-4

（3）将图层 1 的混合模式更改为"强光"，如图 14-5 所示。

（4）适当调整图层 1 的不透明度，使用工具栏的橡皮擦工具，擦出不需要遮挡的部分，然后将图层 1 的不透明度还原，如图 14-6 所示。

（5）使用工具栏的磁性套索工具对图 14-3 做选区，如图 14-7 所示；使用移动工具将选区拖入图 14-1 中，成为 14-1 的图层 2，如图 14-8 所示。

图 14-5

图 14-7

图 14-6

图 14-8

（6）Ctrl+L 对图层 2 进行色阶调整，如图 14-9 所示。

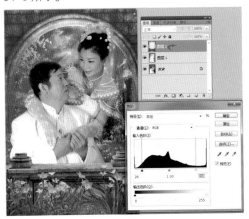

图 14-9

（7）执行 图层——拼合图像，另存图像，处理效果如图 14-10 所示。

（8）同样方法将要处理的照片拖入 Photoshop 操作页面，如图 14-11，图 14-12，图 14-13 所示。

（9）使用工具栏的移动工具将图 14-12 拖入图 14-11 中，成为图 14-11 的图层 1；适当调整图层 1 的不透明度，使用橡皮擦擦去图层 1 的背景以及擦出图 14-11 的前景图案，使图层 1 与图 14-11 自然融合。

（10）使用工具栏的移动工具将图 14-13 拖入图 14-11 中，成为图 14-11 的图层 2；执行 编辑——变换——水平翻转命令，将图 14-13 改变方向，同样方法擦去图层 2 的背景，擦出图 14-11 的前景图案。

★ Potoshop CS5 快捷方式小提示 ★
取消选择 【Ctrl】+【D】

图 14-10

图 14-11

图 14-12

图 14-13

（11）执行图层——拼合图像，另存图像，更换背景的效果如图14-14所示。

（12）将图像14-15，图14-16拖入Photoshop操作页面，同样方法更换背景，如图14-17所示。

图 14-15

图 14-16

图 14-14

图 14-17

（13）对图 14-17 创建背景副本，Ctrl+U 调出色相／饱和度对话框，设置"色相"为"40"，"饱和度"为"60"，"明度"为"-15"，如图 14-18 所示，单击确定；画面如图 14-19 所示。

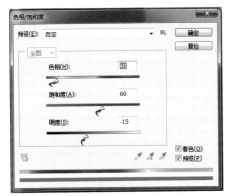

图 14-18

图 14-19

（14）将背景副本的混合模式更改为"叠加"，不透明度为"60%"，如图 14-20 所示。

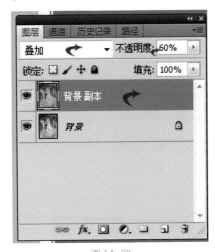

图 14-20

（15）执行 图层——拼合图像，另存图像，更换背景效果如图 14-21 所示。

图 14-21

15. 利用抽出图像换背景

（1）将要处理的照片拖入 Photoshop 操作页面，如图 15-1 所示；将背景图层拖拽到创建新图层按钮 3 次，分别创建背景副本图层，副本 2 图层，副本 3 图层，如图 15-2 所示。

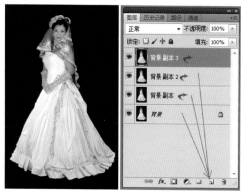

图 15-1   图 15-2

（2）单击创建新图层按钮，创建图层 1，将图层 1 拖拽到背景图层和背景副本图层之间，如图 15-3 所示；选择一个与背景有反差的前景色，按 Alt+Delete 键对图层 1 填充前景色，如图 15-4 所示。

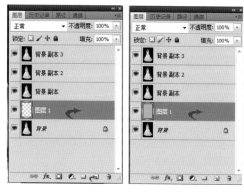

图 15-3   图 15-4

（3）选择背景副本图层，执行 滤镜——抽出命令，如图 15-5 所示；在调出的对话框中选择适当画笔大小，涂满整个需要抽出的图像，设置平滑为"60"，勾选"强制前景"，设置颜色为"白色"，如图 15-6 所示，单击确定；关闭副本 2 和副本 3 图层的可视性，画面效果如图 15-7 所示。

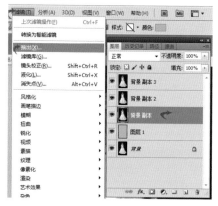

图 15-5

图 15-7

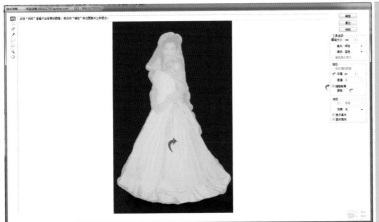

图 15-6

图 15-8

（4）将背景副本图层的混合模式更改为
"滤色"，效果如图 15-8 所示。

（5）打开副本 2 图层的可视性，对副本 2
图层执行 滤镜——抽出命令，在调出的对话框

中勾选"强制前景"，颜色为"黑色"，用适当
大小的画笔涂满人物头发部分，如图 15-9 所示，
单击确定；将副本 2 图层的混合模式更改为"正
片叠底"，效果如图 15-10 所示。

图 15-9

图 15-10

（6）打开副本 3 图层的可视性，单击"添加图层蒙版"按钮，为副本 3 图层添加蒙版，如图 15-11 所示。

（7）设置前景色为"黑色"，使用工具栏的画笔工具在画面中涂抹背景、头发及婚纱透明处，如图 15-12 所示。

（8）将要更换的背景图像拖入 Photoshop 操作页面，如图 15-13 所示；使用工具栏的移动工具，将图 15-13 拖拽到图 15-1 当中，

成为图层 2，按 Ctrl+T 键自由变换，调整图层 2 的大小，双击确定，如图 15-14 所示。

（9）将图层 2 拖拽到背景副本图层的下方，如图 15-15 所示。

（10）按 Ctrl 键同时单击背景副本、副本 2、副本 3 图层，单击"链接图层"按钮，将 3 个图层链接，如图 15-16 所示，单击链接后的副本 3 图层，按 Ctrl+T 键自由变换，调整人像的大小和位置，双击确定，如图 15-17 所示。

图 15-11

图 15-12

图 15-13

图 15-14

图 15-15

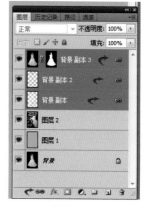

图 15-16

（11）将副本 3 图层的不透明度更改为
"51%"，分别选择背景副本、副本 2、副本 3 图层，
使用工具栏的橡皮擦工具，擦出留作前景的部
分，如图 15-18 所示。

（12）还原副本 3 图层的不透明度，画面
细节如图 15-19 所示；执行 图层——拼合图
像命令，另存图像，更换背景如图 15-20 所示。

图 15-17

图 15-18

图 15-19

图 15-20

POSTSCRIPT

后记

Photoshop真是个好东西，当我们一步一步走进这个殿堂，看到作品的变化，看到很多意图和想法变成现实，兴奋和惊喜的同时也给摄影带来新的动力。后期处理软件对摄影的反作用力量巨大，除了弥补前期拍摄的遗憾以外，还给前期的拍摄带来了思考和启发。

我的感觉是后期处理是一个庞大的体系，需要努力学习，该书只是给初学者揭开冰山的一角，我们一起学习吧。最重要的是你去做了，而且做的时候思考了。摄影，只有个性才能显出价值，学好后期，处理好你的作品，一个个激情的承载体，让思想和灵感任意驰骋。进行独特的智慧的思考、运用想像力来完成与众不同的表达。

感谢张广慧、霍英、张桂香同志提供作品，支持和帮助是非常重要的。

这是写给摄影人的后期书，希望能给爱好摄影的志同道合者以帮助。

李建强

2012.12.22